Elementar-Mechanik

für

Maschinen-Techniker.

Von

Dipl.-Ing. **Rudolf Vogdt,**
Oberlehrer an der Kgl. Maschinenbauschule Essen-Ruhr,
Regierungsbaumeister a. D.

Mit 154 Textfiguren.

Berlin.
Verlag von Julius Springer.
1910.

ISBN-13: 978-3-642-90495-0   e-ISBN-13: 978-3-642-92352-4
DOI: 10.1007/978-3-642-92352-4

Alle Rechte, insbesondere das der
Übersetzung in fremde Sprachen, vorbehalten.
Softcover reprint of the hardcover 1st edition 1910

Vorwort.

Auf den nachstehenden Blättern sind die für angehende Maschinentechniker wichtigsten Grundsätze und Formeln der technischen Elementarmechanik zusammengestellt. Ziel der Arbeit war, möglichste Kürze in der Fassung des Textes mit Übersichtlichkeit des Inhalts, möglichst geringen Umfang des kleinen Buches mit wohlfeilem Preise zu vereinigen.

Bei der Bearbeitung des Stoffes ist in jedem Falle auf die Anwendung im Maschinenbau möglichste Rücksicht genommen. Als Grundlage für das Verständnis sind nur die einfachsten mathematischen Kenntnisse vorausgesetzt. Soweit als möglich sind die benützten Formeln entwickelt. Stets ist aber als Hauptziel erstrebt, die mechanischen Begriffe klarzustellen. Die Anschaulichkeit ist zu erhöhen gesucht durch weitgehende Anwendung zeichnerischer Ermittelungen und durch Aufnahme vieler einfacher Abbildungen. Zur Förderung des Verständnisses sind viele Beispiele aufgenommen. Die aus denselben berechneten Zahlenwerte sind mit dem Rechenschieber erhalten, erscheinen demnach in vielen Fällen nur abgerundet. Tabellen aller Art, die in den technischen Handbüchern und Kalendern enthalten sind, sind der Kürze halber fortgelassen.

Über die Frage, was das Wichtigste sei aus dem weiten Gebiete technischer Mechanik, werden die Ansichten auseinander gehen. Deshalb erbittet sich der Verfasser für den Fall einer späteren Neuauflage des Buches gefällige Angaben wünschenswerter Erweiterungen. Angaben über erwünschte Abänderungen sind gleichfalls stets willkommen.

Essen-Ruhr, im September 1910.

Rudolf Vogdt.

Inhaltsverzeichnis.

Einleitung.
	Seite
Kräfte und deren Wirkungen	1
Darstellung einer Kraft	1
Zusammensetzung und Zerlegung von Kräften mit gemeinsamer Wirkungslinie. Zwei Kräfte in derselben Linie wirkend	2

I. Statik. Lehre vom Gleichgewicht der Kräfte.

1. Gleichgewicht zwischen zwei Kräften 4
2. Gleichgewicht zwischen drei in verschiedenen Wirkungslinien wirkenden Kräften 5
3. Parallelogramm der Kräfte 6
   Zusammensetzung von zwei beliebigen Kräften an demselben Angriffspunkte 6
   Zerlegung einer Kraft in zwei gegeneinander geneigte Seitenkräfte 7
4. Zerlegung einer Kraft in zwei parallele Seitenkräfte 7
5. Gleichgewicht zwischen drei Parallelkräften 9
6. Gleichgewicht zwischen beliebigen in einer Ebene wirkenden Kräften mit gemeinsamem Angriffspunkte 9
7. Cremonascher Kräfteplan 10
8. Statisches Moment 11
9. Momentensatz 12
10. Mittelkraft beliebig vieler Parallelkräfte 13
    Rechnerische Bestimmung 13
11. Rechnerische Bestimmung der Stützdrücke (Auflagerdrücke) . . 14
12. Mittelkraft beliebig vieler Parallelkräfte 15
    Zeichnerische Bestimmung. Seilpolygon 15
13. Zeichnerische Bestimmung der Stützdrücke am Träger auf zwei Stützen 17
14. Die verschiedenen Gleichgewichtszustände 17
15. Allgemeine Gleichgewichtsbedingungen für Kräfte in einer Ebene 17
16. Schwerpunkt 18
    Bestimmung des Schwerpunktes 19
    1. Rechnerische Bestimmung 20
    2. Zeichnerische Bestimmung 21

Inhaltsverzeichnis.

	Seite
17. Guldinsche Regel	21
1. Oberfläche von Drehkörpern	21
2. Inhalt von Drehkörpern	22
18. Stabilität	22
19. Reibung	23
A. Gleitende Reibung	23
Zapfenreibung	23
Seilreibung	25
B. Rollende Reibung	27
20. Mechanische Arbeit	28
21. Einfache Maschinen	30
A. Hebel	30
a) Einarmiger Hebel	30
b) Zweiarmiger Hebel (Rollen, Räderübersetzunpen)	30
B. Schiefe Ebene	36
Schraube	37
Keil	43

II. Festigkeitslehre.

1. Zugfestigkeit	45
2. Druckfestigkeit	47
3. Scherfestigkeit (Schubfestigkeit)	49
4. Biegungsfestigkeit	49
A. Freiträger mit Einzellast	49
B. Trägheitsmomente und Widerstandsmomente	53
Berechnung des Trägheitsmomentes eines zusammengesetzten Querschnittes	56
Vergrößerung von Trägheitsmoment und Widerstandsmoment bei zusammengesetzten Querschnitten	56
C. Freiträger mit gleichmäßig verteilter Last	58
D. Träger gleicher Festigkeit	60
E. Träger auf zwei Stützen	61
a) Mit einer Einzellast	61
b) Träger auf zwei Stützen mit mehreren Einzellasten	62
c) Träger auf zwei Stützen mit gleichmäßig verteilter Last	65
5. Drehungsfestigkeit	66
6. Zusammenhang zwischen polarem und äquatorialem Trägheitsmoment	69
7. Knickfestigkeit	69
8. Druck (Zug) und Biegung	70
9. Biegung und Drehung	73
10. Träger mit gekrümmter Achse	74

Inhaltsverzeichnis. VII

	Seite
11. Elastische Linie	79
12. Biegungsbeanspruchung für Bremsbänder, Drahtseile usw.	80

III. Bewegungslehre.

1. Gleichförmige Bewegung	82
2. Zusammensetzung von Bewegungen	82
1. Gleichgerichtete Bewegungen	82
2. Entgegengesetzt gerichtete Bewegungen	83
3. Die Richtungen zweier Bewegungen schließen einen beliebigen Winkel miteinander ein	83
Parallelogramm der Geschwindigkeiten	83
3. Ungleichförmige Bewegung	84
a) Beschleunigte Bewegung	84
Gleichförmig beschleunigte Bewegung	84
Ungleichförmig beschleunigte Bewegung	84
b) Verzögerte Bewegung	84
Gleichförmig verzögerte Bewegung	85
Ungleichförmig verzögerte Bewegung	85
4. Umfangsgeschwindigkeit und Winkelgeschwindigkeit	85
Umfangsgeschwindigkeit	85
Winkelgeschwindigkeit	86
5. Bewegung des Kurbelgetriebes	87

IV. Dynamik.

1. Gewicht und Masse der Körper	88
2. Dynamisches Grundgesetz	89
3. Fallgesetze	90
4. Senkrechter Wurf nach oben	91
5. Bewegung auf geneigter Bahn	91
6. Wurfgesetze	92
Wagerechter Wurf	92
Schiefer Wurf nach oben	93
7. Leistung	94
8. Lebendige Kraft. Beschleunigungsarbeit	95
a) Bei geradliniger Bewegung	95
b) Bei Drehbewegung	97
9. Trägheitsmomente. Trägheitsmoment eines Schwungrades	99
10. Winkelbeschleunigung	103
11. Wirkung der Schwungräder	104
12. Erhaltung der Energie	105

Inhaltsverzeichnis.

	Seite
13. Zentralkraft	106
Zentrifugalkraft	106
Kegelpendel	107
14. Stoßgesetze	109
Stoßverlust	110
Technische Anwendungen des Stoßes	110
1. Schmieden	110
2. Einrammen von Pfählen, Einschlagen von Nägeln	111

V. Hydraulik. Mechanik der Flüssigkeiten.

A. Statik der Flüssigkeiten	114
1. Druckübertragung durch Flüssigkeiten	114
Hydraulische Presse	115
Steigerung der Wasserpressung (Multiplikator)	115
2. Bodendruck und Seitendruck	116
Bodendruck	116
Seitendruck	117
3. Auftrieb	118
Das Schwimmen der Körper	119
4. Gestalt der Wasser-Oberfläche	120
1. Ruhendes Wasser	120
2. Wasser in einem beschleunigten Gefäße	120
3. Wasser in einem gleichmäßig umlaufenden Gefäße	120
B. Dynamik der Flüssigkeiten	121
1. Wasserbewegung durch Leitungen usw.	121
2. Ausflußgeschwindigkeit	122
3. Ausflußquerschnitt. Zusammenziehung des austretenden Wasserstrahles	122
Ausflußmenge	123
4. Pressungsenergie des Wassers	123
5. Hydraulischer Druck	124
6. Reaktionsdruck	127
7. Strahldruck	129
Strahldruck gegen eine feste Wand	129
Strahldruck gegen eine bewegliche Schaufel	129

Einleitung.

Kräfte und deren Wirkungen.

Mechanik ist die Lehre von den Kräften und deren Wirkungen. Jede Bewegungsänderung ist durch eine Kraft verursacht. Gerät ein vorher ruhender Körper in Bewegung, so ist das die Folge einer in der Bewegungsrichtung wirkenden Kraft. Nimmt die Geschwindigkeit[1]) eines bewegten Körpers zu, so ist diese Geschwindigkeitssteigerung durch eine in der Bewegungsrichtung wirkende Kraft verursacht. Umgekehrt ist jede Geschwindigkeitsabnahme durch eine der Bewegungsrichtung entgegen wirkende Kraft bedingt. Jede Änderung der Bewegungsrichtung ist durch eine quer zu dieser wirkende Kraft hervorgerufen.

Eine Kraft ist bestimmt durch Angabe:
1. der Größe (g, kg, t),
2. der Lage (des Angriffspunktes),
3. der Richtung.

Darstellung einer Kraft.

Grösse der Kraft = Länge der Linie, z. B.
   1 kg = 1 cm (Kräftemaßstab, der beliebig zu wählen ist).
Lage der Kraft = Lage der Linie.
Richtung „ „ = Richtung, die der Pfeil bezeichnet.

Die Gerade, in welcher die Kraftlinie liegt, heißt die Wirkungslinie der Kraft. Jede Kraft kann in ihrer Wirkungslinie beliebig verschoben werden.
Auf die Öse (Fig. 2) wird die gleiche Kraft ausgeübt, mag das Gewicht[2]) Q oben oder unten an dem Seile befestigt sein.

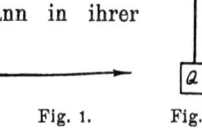

Fig. 1.   Fig. 2.

---

[1]) Geschwindigkeit ist der Weg, den ein gleichförmig bewegter Körper in 1 Sekunde zurücklegt. S. 82.
[2]) S. 88.

Vogdt, Mechanik.

Einleitung.

Zusammensetzung und Zerlegung von Kräften
mit gemeinsamer Wirkungslinie.

Die Mittelkraft (Resultierende) R hat die gleiche Wirkung wie die Seitenkräfte (Komponenten) $P_1 P_2$ usw.

Die Bewegungsänderung eines Körpers ist also dieselbe, gleichgültig ob auf ihn die gegebenen Seitenkräfte oder ob die diese ersetzende Mittelkraft einwirkt.

Zwei Kräfte in derselben Linie wirkend.
a) Die zwei Kräfte haben gleiche Richtung.
$$R = P_1 + P_2.$$

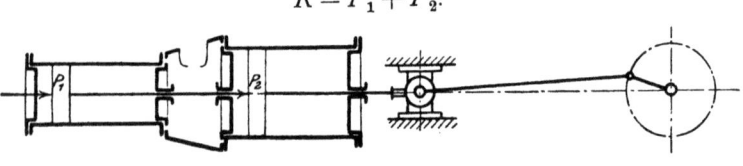

Fig. 3a.

Beispiel. Bei einer Tandemdampfmaschine treibt die Kraft[1]) $P_1 = 4900$ kg den Hochdruckkolben und die Kraft $P_2 = 2600$ kg den Niederdruckkolben. Die gesamte Antriebskraft ist dann

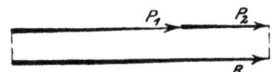

Fig. 3b. Kräftemaßstab: 1 mm = 214 kg.

$$R = P_1 + P_2,$$
$$= 4900 + 2600,$$
$$= 7500 \text{ kg.}$$

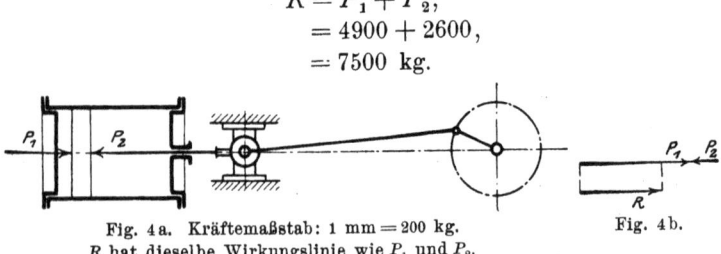

Fig. 4a. Kräftemaßstab: 1 mm = 200 kg.   Fig. 4b.
R hat dieselbe Wirkungslinie wie P_1 und P_2.

NB. R wirkt in derselben Linie wie P_1 und P_2. Es ist nur der Deutlichkeit halber herausgezeichnet.

---

[1]) Zur Bestimmung von P_1 und P_2 siehe Beispiel 2.

Zusammensetzung und Zerlegung von Kräften.

b) **Die zwei Kräfte haben entgegengesetzte Richtung.**
Die Mittelkraft ist:
$$R = P_1 - P_2.$$

Beispiel. Auf die Deckelseite eines Dampfkolbens wirkt die Kraft[1]) $P_1 = 3200$ kg, auf die Kurbelseite wirkt $P_2 = 800$ kg. (Vgl. Fig. 4.) Welche Kraft R treibt den Kolben?

$$R = P_1 - P_2$$
$$= 3200 - 800$$
$$R = 2400 \text{ kg.}$$

---

[1]) P_1 und P_2 sind die Mittelkräfte der über die Kolbenflächen beider Seiten verteilten einzelnen Dampfdrücke. Siehe: Mittelkraft vieler Parallelkräfte und Schwerpunkt. S. 13 und 18.

I. Statik.[1])
Lehre vom Gleichgewicht der Kräfte.

Ein Körper, auf den keine (unmöglicher Fall) Kraft einwirken würde, würde seinen Bewegungszustand nicht ändern. Dieselbe Wirkung wird erzielt, wenn auf den Körper mehrere Kräfte einwirken, deren Wirkungen sich gegenseitig aufheben. Ein ruhender Körper befindet sich im Gleichgewicht (Fig. 5), ebenso aber auch ein Körper, der sich in gerader Richtung gleichförmig weiter bewegt, d. h. der in gleichen Zeiten gleiche Wege zurücklegt (Beharrungszustand.[2])

1. Gleichgewicht zwischen zwei Kräften.

Zwei gleich große, in derselben Wirkungslinie entgegengesetzt wirkende Kräfte haben keine Mittelkraft. Sie heben sich gegenseitig auf. Sie sind miteinander im Gleichgewicht. Sie ändern den Bewegungszustand eines Körpers nicht.

Fig. 5a.

Gegeben $P_1 = P_2$ mit entgegengesetzter Richtung.

Die Mittelkraft ist:

$$R = P_1 - P_2,$$
$$R = 0.$$

Die Kräfte treten stets paarweise auf.

Jeder Kraft entspricht eine gleich große, in derselben Wirkungslinie entgegengesetzt gerichtete Gegenkraft (Reaktion). Die Gegenkraft wird durch die Kraft hervorgerufen. Wirken Kraft und Gegenkraft auf denselben Körper, so befindet er sich im Gleichgewicht.

---

[1]) Statik ist im strengen Sinne nur die Lehre vom Gleichgewicht der Kräfte an ruhenden Körpern: Die Lehre vom Stillstande.

[2]) Gleichförmige Drehung siehe Fig. 129 und Statik 10. Dynamik 11.

Gleichgewicht zwischen Kräften in verschiedenen Wirkungslinien. 5

Bei der Dampfmaschine wirkt der dem Kolbendruck entgegengesetzt gleiche Gegendruck auf den Zylinder-Deckel. Folglich wird der Kolben in Bewegung gesetzt und, wenn der Zylinder nicht festgehalten ist, auch der Zylinder. Zittern fahrbarer und Schiffsmaschinen.

Beispiel. Last Q auf einer Unterlage. (Fig. 5 b.) Der hervorgerufene Gegendruck ist
$$D = Q.$$
Der Körper bleibt unter der Einwirkung der beiden Kräfte in Ruhe.

Beispiel. Ein Schlitten vom Gewicht $Q = 200$ kg befindet sich in Bewegung. In dem Lastenschema ist der Schlitten durch einen Punkt angedeutet. Auf den Schlitten wirken die Kräfte:

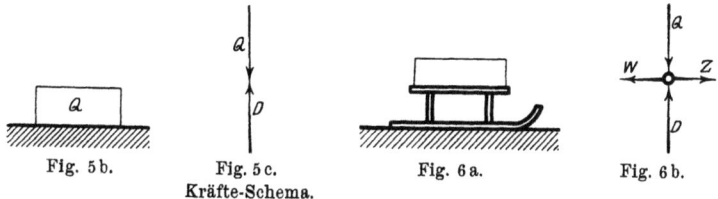

Fig. 5 b.   Fig. 5 c.   Fig. 6 a.   Fig. 6 b.
             Kräfte-Schema.

1. das Eigengewicht Q senkrecht nach unten,
2. der von der Fahrbahn ausgeübte Gegendruck $D = Q$ senkrecht nach aufwärts,
3. der der Fahrtrichtung entgegengesetzte Fahrwiderstand[1] W,
4. die in der Fahrtrichtung wirkende Zugkraft[2] $Z = W$.

Die wirksamen Kräfte heben sich paarweise auf. Sie sind miteinander im Gleichgewicht. Mittelkraft $R = 0$.

Die Folge ist, daß der bereits in Bewegung befindliche Schlitten unter der Einwirkung der gegebenen vier Kräfte seine Bewegung unverändert beibehält.

2. Gleichgewicht zwischen drei in verschiedenen Wirkungslinien wirkenden Kräften.

Modellanordnung: Gewichte an Schnüren, die über Rollen geführt sind. An dem Knotenpunkt O, an welchem die drei Schnüre

---

[1] Siehe Reibung. S. 23.
[2] Angenommen ist, daß der Schlitten durch ein Windwerk mittels eines auf der Fahrbahn schleifenden Seiles gezogen wird.

6   Statik. Lehre vom Gleichgewicht der Kräfte.

zusammenlaufen, herrscht z. B. Gleichgewicht, wenn die Gewichte die angeschriebenen Größen besitzen.

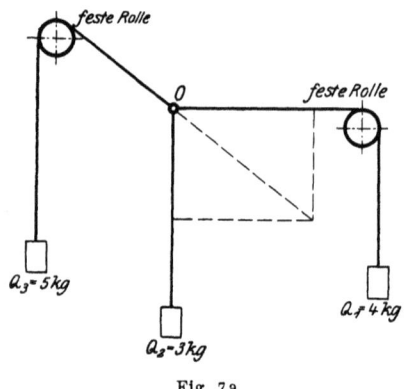

Fig. 7a.

Drei miteinander im Gleichgewicht befindliche Kräfte lassen sich zu einem geschlossenen Kräftedreieck zusammensetzen. Die Kraftpfeile weisen alle in demselben Sinne um das Dreieck herum.

Nach S. 4 ist an dem Punkte O nur dann Gleichgewicht möglich, wenn dort zwei gleich große, in derselben Wirkungslinie entgegengesetzt gerichtete Kräfte wirken. Die Kräfte Q_1 und Q_2 können demnach durch eine einzige Kraft ersetzt werden, welche entgegengesetzt gleich ist der Kraft Q_3.

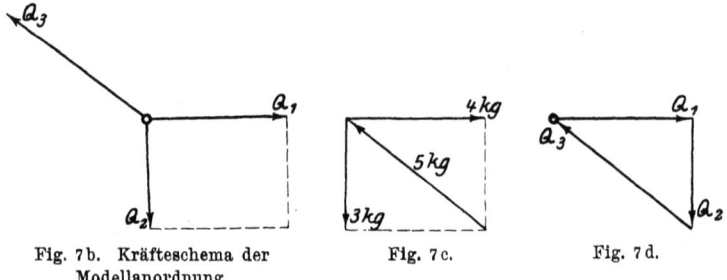

Fig. 7b. Kräfteschema der Modellanordnung.   Fig. 7c.   Fig. 7d.

3. Parallelogramm der Kräfte.

Zusammensetzung von zwei beliebigen Kräften an demselben Angriffspunkte.

Die Mittelkraft ist Diagonale des Parallelogramms, dessen Seiten die gegebenen Kräfte sind. Wirken in dem Kräfteparallelogramm die gegebenen Kräfte von dem Angriffspunkte O fort, so wirkt auch die Mittelkraft von diesem fort. Wirken die gegebenen Kräfte nach dem Angriffspunkte hin, so tut die Mittelkraft das gleiche.

Zerlegung einer Kraft in zwei parallele Seitenkräfte.

Beispiel. An dem Zugseil einer Handramme ziehen zwei Mann mit den Kräften $P_1 = P_2 = 20$ kg. Welche Kraft R wird auf das Zugseil ausgeübt? $R = 33$ kg (Fig. 10).

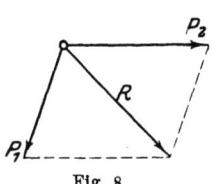
Fig. 8.

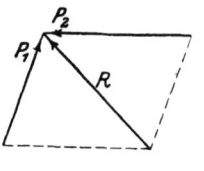
Fig. 9.

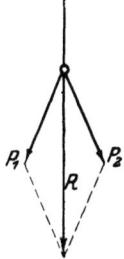
Fig. 10. Kräftemaßstab: 1 mm = 1,4 kg.

Zerlegung einer Kraft in zwei gegeneinander geneigte Seitenkräfte.

Beispiel. Die auf den Dampfkolben wirkende Kraft K wird auf den Kreuzkopf übertragen (Fig. 11). Hier übt sie eine doppelte Wirkung aus:

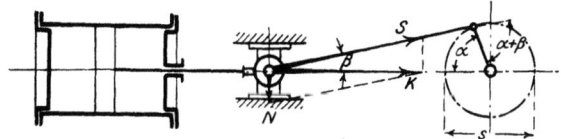
Fig. 11. Kräftemaßstab: 1 mm = 190 kg.

1. in der Richtung der Schubstange wird die Kraft S hervorgerufen,
2. der Kreuzkopf wird mit der Kraft N gegen seine Führung gepreßt.

Die Kraftgrößen ergeben sich aus dem Kräfteparallelogramm, z. B.:

$K = 4000$ kg.
$S = 4100$ „
$N = 820$ „

4. Zerlegung einer Kraft in zwei parallele Seitenkräfte.

Beispiel. Balken auf zwei Stützen. Die Last Q greift an der bezeichneten Stelle an. Die auf die Auflager ausgeübten Drücke sollen bestimmt werden (Fig. 12 a[1]) und 12 b).

---

[1]) (Q) in Fig. 12a wirkt in der gleichen Linie wie V_1 und V_2 und ist nur der Darstellung halber seitlich herausgezeichnet.

8   Statik. Lehre vom Gleichgewicht der Kräfte.

Q wird in die beiden Seitenkräfte S_1 und S_2 zerlegt, deren Richtungen durch die Auflagerpunkte I und II gehen. S_1 und S_2

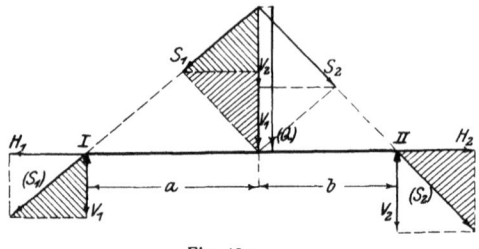

Fig. 12 a.

werden in ihren Wirkungslinien verschoben und an den Auflagerpunkten in die Seitenkräfte H_1 und V_1 sowie H_2 und V_2 weiter zerlegt. Die gleichschraffierten Drücke sind nach dem zweiten Kongruenzsatz kongruent. Es folgt hieraus:

$$H_1 = H_2 = H,$$
$$Q = V_1 + V_2.$$

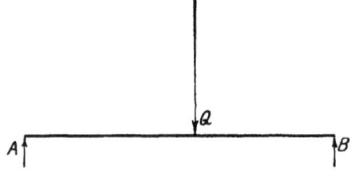

Fig. 12 b. A und B sind die von den Auflagern auf den belasteten Balken ausgeübten Gegendrücke.

Die Mittelkraft von zwei Parallelkräften ist gleich deren Summe.

Aus anderen kongruenten Drücken folgt:

$$\frac{V_1}{H_1} = \frac{Q}{a},$$
$$\frac{V_2}{H_2} = \frac{Q}{b},$$
$$Q = \frac{V_1}{H_1} \cdot a = \frac{V_2}{H_2} \cdot b,$$
$$H_1 = H_2.$$
$$V_1 \cdot a = V_2 \cdot b,$$
$$\frac{V_1}{V_2} = \frac{b}{a}.$$

Die Stützdrücke verhalten sich umgekehrt wie die Entfernungen der Last von den Auflagern.

Beispiel. $Q = 600$ kg; $a = 2$ m; $b = 1$ m; $V_1 = 200$ kg; $V_2 = 400$ kg.

Gleichgewicht zwischen in einer Ebene wirkenden Kräften usw. 9

5. Gleichgewicht zwischen drei Parallelkräften.

Da
$$V_1 = A,$$
$$V_2 = B,$$

so heben sich diese Kräfte paarweise auf. Daher muß auch die gegebene Last Q mit den Gegendrücken A und B im Gleichgewicht sein.

Dann ist:
$$Q - A - B = 0.$$

Wenn drei Parallelkräfte im Gleichgewicht sind, so haben sie die Summe Null.

Der letzte Satz ist auch gültig für beliebig viele Parallelkräfte. Siehe Schwerpunkt S. 18.

6. Gleichgewicht zwischen beliebigen in einer Ebene wirkenden Kräften mit gemeinsamem Angriffspunkte.

An einem Mast, der durch den Punkt M im Grundriß angedeutet ist, sind vier Drähte angespannt, die mit den Zugkräften Z_1, Z_2, Z_3, Z_4 auf den Mast wirken. Angenommen ist, daß diese Kräfte im Gleichgewicht sind.

Z_1 und Z_2 werden zu R_1 zusammengesetzt.

Z_3 und R_1 werden zu R_2 zusammengesetzt.

R_2 ersetzt demnach die Kräfte Z_1, Z_2 und Z_3 und ergibt die gleiche Wirkung wie diese drei Kräfte.

Z_4 ist entgegengesetzt gleich R_2, ist also mit dieser Kraft im Gleichgewicht.

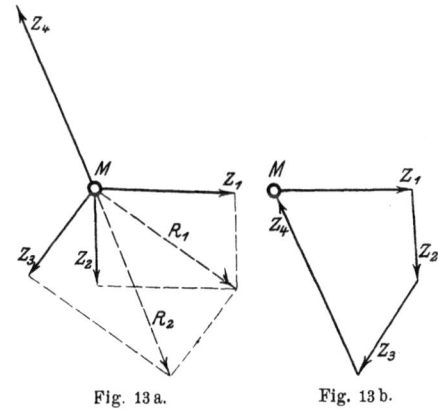

Fig. 13 a.   Fig. 13 b.

Die vier an einem Punkte im Gleichgewicht befindlichen Kräfte Z_1, Z_2, Z_3 und Z_4 lassen sich der Größe und Richtung nach so aneinander zeichnen, daß sie ein geschlossenes Kräfteviereck er-

10 Statik. Lehre vom Gleichgewicht der Kräfte.

geben. Die Kraftpfeile weisen sämtlich im gleichen Sinne um den Umfang der Figur herum.

Beliebig viele an einem Punkte im Gleichgewicht befindliche Kräfte, die in derselben Ebene wirken, lassen sich zu einem geschlossenen Kräftepolygon zusammensetzen.

Die Erfüllung dieser Bedingung genügt nicht, wenn die Kräfte an verschiedenen Punkten angreifen. Siehe allgemeine Gleichgewichtsbedingungen S. 17.

7. Cremonascher Kräfteplan.

Die an den einzelnen Knotenpunkten eines Fachwerkes angreifenden äußeren Kräfte (Lasten) und Stabspannungen sind mit-

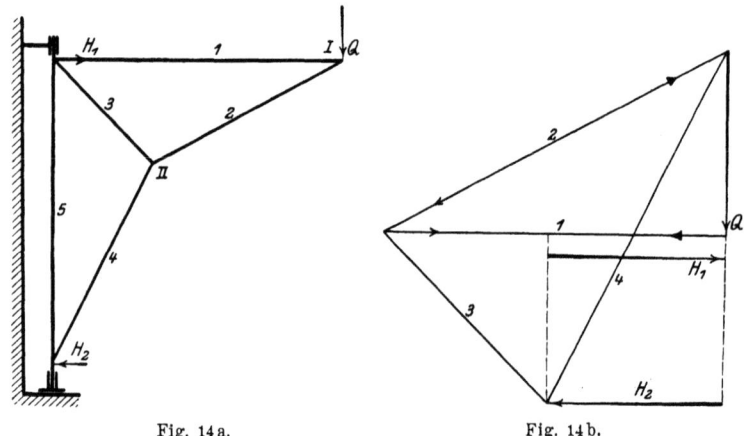

Fig. 14 a.   Fig. 14 b.

einander im Gleichgewicht. Die auf jeden Knotenpunkt wirkenden Kräfte lassen sich demnach zu einem geschlossenen Kräftevieleck zusammensetzen. Ermitteln lassen sich nach dem Verfahren nur Zug- und Druck- (Knick-) Kräfte, die in den einzelnen Fachwerksstäben wirken. Die durch das Eigengewicht hervorgerufenen Biegungsbeanspruchungen lassen sich so nicht berücksichtigen.

Beispiel. Krangerüst nach Fig. 14 a. Am Knotenpunkt I greift als äußere Kraft die Last Q und ferner die Stabkräfte *1* und *2* an. Diese bilden im Kräfteplan (Fig. 14 b) ein geschlossenes Kräftedreieck. Die Kraftpfeile ◀ werden im Kräfteplan an die Stabkräfte an der Seite der eben betrachteten Knotenpunkte angebracht, d. h.

rechts, wenn der Knotenpunkt rechts, oben, wenn der Knotenpunkt oben an dem betr. Stab gelegen ist, und umgekehrt. An dem anderen Ende jeder einzelnen Stabkraft werden dann im Kräfteplan entgegengesetzte Pfeile angebracht. Dann bedeuten zwei aufeinander zuweisende Pfeile Zugbeanspruchung des betr. Stabes und zwar geben die Pfeile die inneren dem von außen wirkenden Zuge entgegenwirkenden Widerstandskräfte an. Entsprechend bedeuten zwei voneinander wegweisende Pfeile Druckbeanspruchung des betr. Stabes. Im vorliegenden Falle wird also durch die Last Q der Stab 1 gezogen, während der Stab 2 gedrückt wird.

Am Knotenpunkt II sind ausschließlich die drei Stabkräfte 2, 3 und 4 miteinander im Gleichgewicht. Sie bilden im Kräfteplan ein Dreieck. Werden die Pfeile entsprechend der oben angegebenen Regel daran gezeichnet, so ergibt sich für alle drei Stäbe hier Druck.

In der Ausführung des Krangerüstes sind die einzelnen Fachwerksstäbe fast stets durch zwei nebeneinander liegende Profileisen gebildet. An der Drehsäule wirken die Kräfte H_1 und H_2 biegend.

8. Statisches Moment.

Benennung: mkg oder kgm, auch cmkg usw.

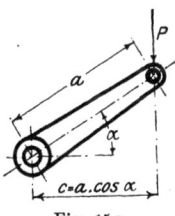

Fig. 15a.

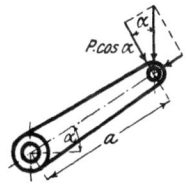

Fig. 15b.

Statisches Moment = Kraft × Hebelarm.

Hebelarm = Lot vom Drehpunkt auf die Kraftrichtung:

$$M = P \cdot c$$
$$= P \cdot a \cdot \cos \alpha.$$

Kraft P am Kurbelzapfen zerlegt:[1])

$$M = P \cdot \cos \alpha \cdot a.$$

---

[1]) Momentensatz S. 12.

Statik. Lehre vom Gleichgewicht der Kräfte.

Beispiel. $P = 12$ kg, $a = 400$ mm, $\alpha = 30°$.
$$M = 12 \cdot 400 \cdot 0{,}87$$
$$= 4176 \text{ mmkg}$$
$$= 4{,}176 \text{ mkg.}$$

Auf den Kurbelzapfen drückt die Kraft S. Das an der Kurbel drehende Moment ist daher aach Fig. 11:
$$M = S \cdot r \cdot \sin(\alpha + \beta),$$
$$r = \text{Kurbelhalbmesser} = \frac{s}{2},$$
$$M = \frac{K}{\cos \beta} \cdot r \cdot \sin(\alpha + \beta).$$

Beispiel. $S = 4100$ kg, $r = 300$ mm, $\alpha = 60°$, $\beta = 10°$.
$$M = 4100 \cdot 0{,}3 \sin 70°,$$
$$\sin 70° = 0{,}94,$$
$$M = 4100 \cdot 0{,}3 \cdot 0{,}94 = 1156 \text{ mkg.}$$

9. Momentensatz.

Das statische Moment der Mittelkraft ist gleich der Summe der statischen Momente oder Seitenkräfte.

Für O als Drehpunkt:
$$P_1 \cdot a = [R \cdot \cos \alpha] \cdot a = R \cdot [a \cdot \cos \alpha].$$

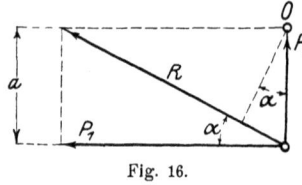

Fig. 16.

P_2 geht durch den Drehpunkt, hat also keinen Hebelarm, und übt hier kein Moment aus. Mehrere Momente, die um dieselbe Achse drehen, können ersetzt werden durch ein Moment, welches die gleiche Wirkung hat.

$$P_1 \cdot r_1 + P_2 \cdot r_2 = R \cdot r.$$

Mehrere Momente, die um dieselbe Achse drehen und die Summe Null ergeben, heben sich gegenseitig auf. Sie sind miteinander im Gleichgewicht. Das wäre in Fig. 17 der Fall, wenn R die entgegengesetzte Richtung hätte.

Beispiel. Auf einer Welle sitzen drei Zahnräder, ein treibendes vom Halbmesser r und zwei getriebene von den Halbmessern r_1 und r_2. Die Zahndrücke sind R, P_1 und P_2.

Mittelkraft beliebig vieler Parallelkräfte.   13

$r_1 = 100$ mm, $P_1 = 300$ kg,
$r_2 = 200$ „ $P_2 = 150$ „
$r = 250$ „

$$R = \frac{300 \cdot 100 + 150 \cdot 200}{250}.$$

$R = 240$ kg.

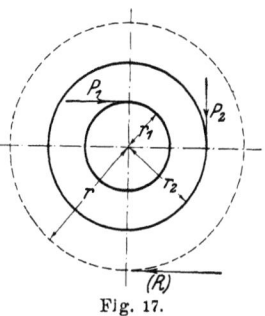
Fig. 17.

R hat hier entgegengesetzte Richtung wie in Fig. 17.

Solange diese drei Momente miteinander im Gleichgewicht sind, läuft die Welle dauernd mit derselben Umlaufszahl in der Minute um. (Die Zapfenreibung ist nicht berücksichtigt.)

10. Mittelkraft beliebig vieler Parallelkräfte.

Rechnerische Bestimmung.[1])

Balken mit vielen Einzellasten ist gegeben. Die Mittelkraft[2]) aller Lasten ist gesucht.

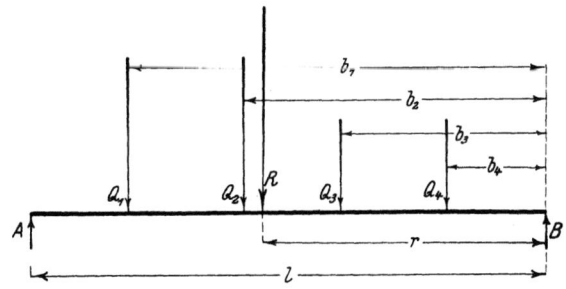
Fig. 18a.   Lasten-Schema.

Die Mittelkraft ist:

$$R = Q_1 + Q_2 + Q_3 + Q_4,$$
$$R \cdot r = Q_1 \cdot b_1 + Q_2 \cdot b_2 + Q_3 \cdot b_3 + Q_4 \cdot b_4,$$
$$r = \frac{Q_1 \cdot b_1 + Q_2 \cdot b_2 + Q_3 \cdot b_3 + Q_4 \cdot b_4}{R}.$$

---

[1]) Zeichnerische Bestimmung siehe Seilpolygon.
[2]) Siehe Schwerpunkt.

Die Stützdrücke¹) sind:
$$A = \frac{R \cdot r}{l},$$
$$B = R - A.$$

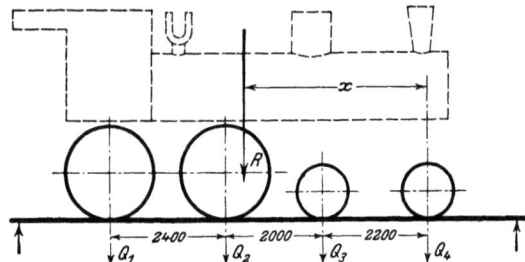

Fig. 18b. Lokomotive.

Beispiel. Achsdrücke nach Fig. 18b:
$$Q_1 = Q_2 = 15000 \text{ kg}$$
$$Q_3 = Q_4 = 9000 \text{ „}$$
$$R = 48000 \text{ „}$$

Vorderachse als Drehachse angenommen:
$$x = \frac{15000 \cdot 6600 + 15000 \cdot 4200 + 9000 \cdot 2200 + 0}{48000},$$
$$x = \sim 3790 \text{ mm}.$$

11. Rechnerische Bestimmung der Stützdrücke²) (Auflagerdrücke).

Zwei Momente sind im Gleichgewicht, wenn sie gleich groß sind und entgegengesetzten Drehungssinn haben. Balken auf zwei Stützen.

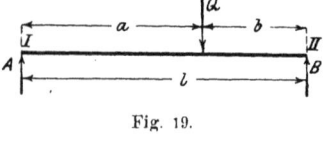

Fig. 19.

Auflagerpunkt II als Drehpunkt angenommen. Der Stützdruck B geht durch den Drehpunkt, hat also keinen Hebelarm und übt kein Moment aus.

$A \cdot l$ dreht im Uhrzeigersinn,
$Q \cdot b$ dreht gegen den Uhrzeiger.

---

¹) Siehe S. 15.
²) Zeichnerische Bestimmung der Stützdrücke siehe Seilpolygon S. 17.

Also: Der Balken befindet sich in Ruhe.

$$A \cdot l = Q \cdot b,$$
$$A = \frac{Q \cdot b}{l}.$$

Entsprechend mit I als Drehpunkt ist der am rechten Auflager hervorgerufene Gegendruck

$$B = \frac{Q \cdot a}{l}.$$

12. Mittelkraft beliebig vieler Parallelkräfte.
Zeichnerische Bestimmung.[1]) Seilpolygon.

Ein an den Punkten A und B befestigtes Seil trägt die Einzellasten Q_1, Q_2, Q_3 und Q_4. An den Angriffspunkten der

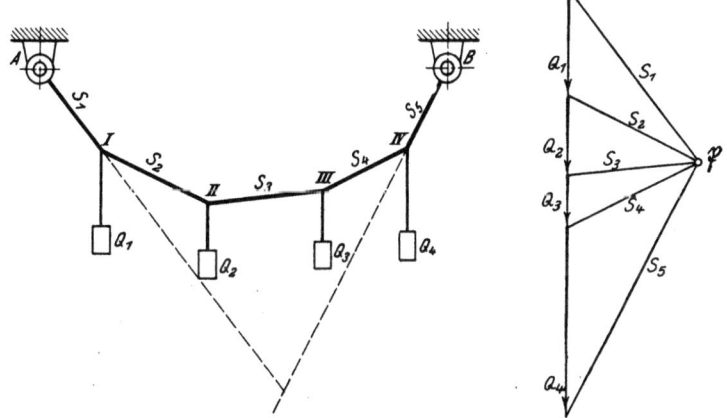

Fig. 20 a. Seilpolygon.   Fig. 20 b. Polfigur.

Lasten bildet das Seil Ecken, dazwischen ist es gerade gespannt. An dem Punkte I ist die Last Q_1 mit den Seilspannungen S_1 und S_2 im Gleichgewicht. Diese drei Kräfte lassen sich also zu einem geschlossenen Kräftedreieck zusammensetzen. Das gleiche gilt für die an den Punkten II, III und IV angreifenden Lasten und Seilspannungen. Da die Spannungen S_2, S_3 und S_4 stets zu zwei Kräftedreiecken gehören, fallen diese, wenn die Lasten untereinander

---
[1]) Rechnerische Bestimmung siehe S. 13.

angetragen werden, mit den Spitzen zusammen. Die gemeinsame Spitze heißt der Pol $\mathfrak{P}$. Die Polstrahlen sind den von den entsprechenden Kräften hervorgerufenen Seilspannungen parallel.

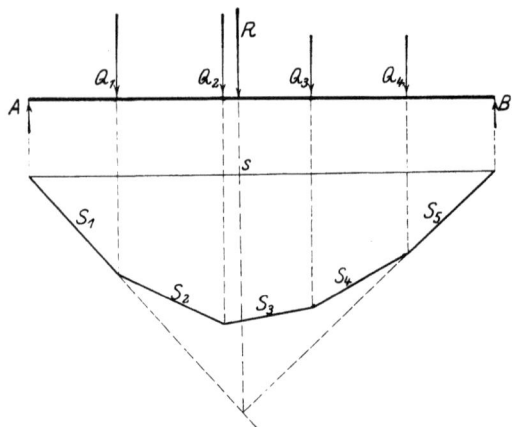

Fig. 21a. Kräftemaßstab: 1 mm = 8200 kg.

Die Mittelkraft

$$R = Q_1 + Q_2 + Q_3 + Q_4$$

bildet in der Polfigur ein Kräftedreieck mit den Seilspannungen S_1 und S_5. Sie ist also mit diesem im Gleichgewicht. **Die Mittelkraft geht im Seilpolygon durch den Schnittpunkt der äußersten Seiten des Seilpolygons.**

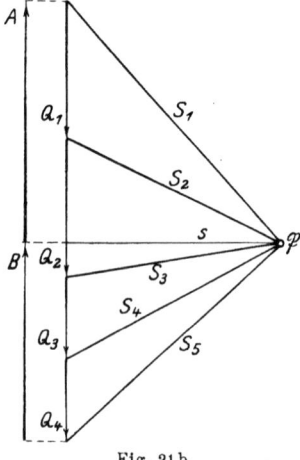

Fig. 21b.

Zeichnerische Lösung der Aufgabe von Fig. 18: Einzellasten Q_1, Q_2, Q_3, Q_4 aneinander getragen. Beliebiger Pol $\mathfrak{P}$ angenommen. Polstrahlen S_1, S_2, S_3, S_4 gezogen. Zu diesen werden parallel gezeichnet die Seiten des Seilpolygons (S_1), (S_2), (S_3), (S_4), (S_5). Die Mittelkraft $R = 48000$ kg geht durch den Schnittpunkt von (S_1) und (S_5). Der Schlußlinie (s) des Seilpolygons ist parallel die Linie s der Polfigur. (Fig. 21.)

Allgemeine Gleichgewichtsbedingungen für Kräfte in einer Ebene. 17

13. Zeichnerische Bestimmung der Stützdrücke am Träger auf zwei Stützen.

Die Schnittpunkte der äußersten Seiten (S_1) und (S_5) des Seilpolygons mit den Wirkungslinien der Stützdrücke A und B werden durch die Schlußlinie (s) verbunden. Die Parallele s in der Polfigur schneidet A und B auf der Kraftlinie im Kräftemaßstab ab.

$$A + B = Q_1 + Q_2 + Q_3 + Q_4 = R.$$

A ist mit (S_1) und (s) im Gleichgewicht, bildet deshalb mit S_1 und s ein geschlossenes Kräftedreieck. Das Gleiche gilt für B, S_5 und s. (s) ist als Druckstrebe vorzustellen. (Fig. 21.)

14. Die verschiedenen Gleichgewichtszustände.

Stabiles Gleichgewicht: Ruhendes Pendel. Aus ursprünglicher Lage gebracht, kehrt es stets wieder in diese zurück.

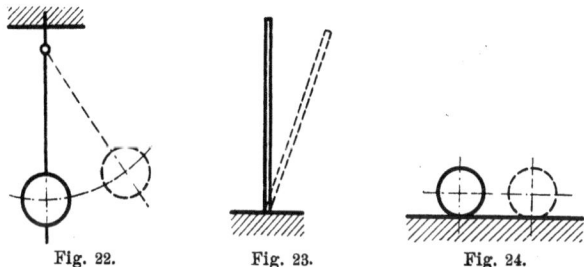

Fig. 22. Fig. 23. Fig. 24.

Labiles Gleichgewicht: Balancierender Körper, der seine erste Gleichgewichtslage verliert, geht in eine neue Gleichgewichtslage über. Er fällt um.

Indifferentes Gleichgewicht: Kugel auf wagerechter Ebene befindet sich in jeder Stellung im Gleichgewicht.

15. Allgemeine Gleichgewichtsbedingungen für Kräfte in einer Ebene.

1. Summe aller senkrechten Seitenkräfte gleich 0.
2. Summe aller wagerechten Seitenkräfte gleich 0.
3. Summe der statischen Momente in bezug auf irgend einen in derselben Ebene liegenden Drehpunkt gleich 0.

Vogdt, Mechanik. 2

Der gezeichnete durch P_1 und P_2 belastete Träger ist **nicht im Gleichgewicht**, trotzdem

$$A = P_1 \cdot \sin \alpha,$$
$$B = P_2 \cdot \sin \beta.$$

Fig. 25.

Gleichgewicht wäre nur möglich, wenn

$$P_1 \cdot \cos \alpha = P_2 \cdot \cos \beta.$$

16. Schwerpunkt.

Schwere oder Gewicht eines Körpers ist die Kraft, mit welcher er von der Erde angezogen wird.

Diese Kraft hat für denselben Körper an verschiedenen Punkten der Erde verschiedene Größe.

Der Schwerpunkt eines Körpers ist der Punkt, in dem das ganze Gewicht des betr. Körpers vereinigt angenommen werden kann.

Der Schwerpunkt einer Linie (einer Fläche oder eines Körpers) braucht nicht auf dieser Linie (Fläche oder Körper) zu liegen. Siehe z. B. Fig. 30.

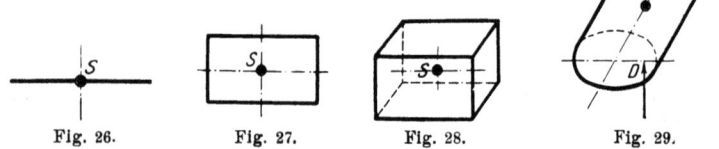

Fig. 26.   Fig. 27.   Fig. 28. 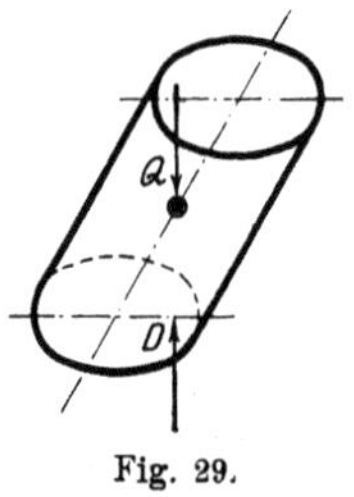   Fig. 29.

Die Wirkungslinie des Körpergewichtes geht in allen Lagen des Körpers durch dessen Schwerpunkt.

Die Mittelkraft aller Einzelschwerkräfte geht durch den Gesamtschwerpunkt (Fig. 29).

Bei symmetrischen Körpern oder Flächen oder Linien liegt der Schwerpunkt auf der Symmetrieachse (Fig. 26—28).

Bei Unterstützung des Schwerpunktes befindet sich der Körper im Gleichgewicht (Fig. 29).

Der Schwerpunkt eines Querschnittes[1]) spielt bei der Biegungsfestigkeit eine wichtige Rolle.

Bestimmung des Schwerpunktes.

1. **Durch Versuch.** Aufhängung der Fläche oder des Körpers in verschiedenen Punkten.

Die durch den Aufhängungspunkt jedesmal gezogenen Senkrechten schneiden sich im Schwerpunkt, denn dieser liegt stets unter dem Aufhängungspunkte.

2. **Mittels des Seilpolygons.** Winkelquerschnitt in zwei Rechtecke zerteilt, deren Schwerpunkte z. B. durch Schnitt der Diagonalen unschwer angegeben werden können. In diesen Einzelschwerpunkten greifen Kräfte (Gewichte der Rechtecke) an, deren Größen sich verhalten wie die Größen der Rechtecke.

Die Mittelkraft geht durch den Schnittpunkt der äußersten Seilpolygonseiten. Die Konstruktion wird für zwei beliebige Lagen des gegebenen Winkelquerschnittes ausgeführt.

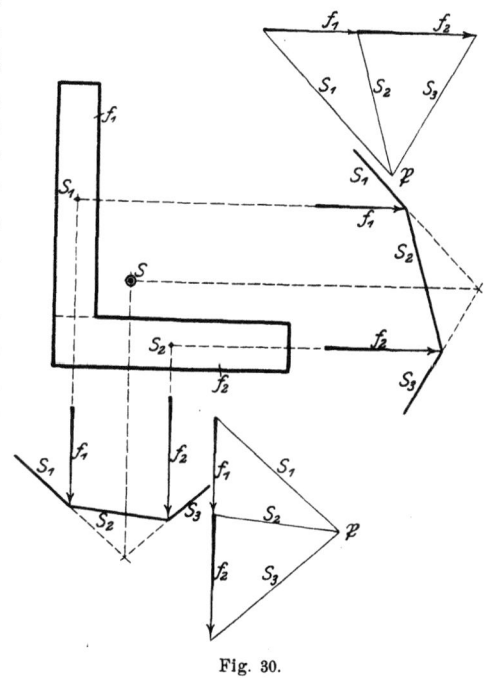

Fig. 30.

(Der Querschnitt ist in zwei verschiedenen Lagen aufgehangen gedacht.) Die Wirkungslinien der beiden Mittelkräfte schneiden sich im Schwerpunkte des Gesamtquerschnittes.

---

[1]) Ein Querschnitt als geometrische Figur hat kein Gewicht. Wenn man den betr. Querschnitt aber z. B. aus Blech ausschneiden würde, so würde er bei Unterstützung im Schwerpunkt in der Schwebe bleiben.

20 Statik. Lehre vom Gleichgewicht der Kräfte.

3. **Mittels Rechnung.** Unter Benutzung des Momenten-Satzes:

„Das statische Moment des Ganzen ist gleich der Summe der statischen Momente der einzelnen Teile."

Momentengleichung in bezug auf die Drehachse $I-I$:

$$F \cdot x = f_1 \cdot x_1 + f_2 \cdot x_2,$$
$$F = f_1 + f_2,$$
$$x = \frac{f_1 \cdot x_1 + f_2 \cdot x_2}{F}.$$
$$F = f_1 + f_2.$$

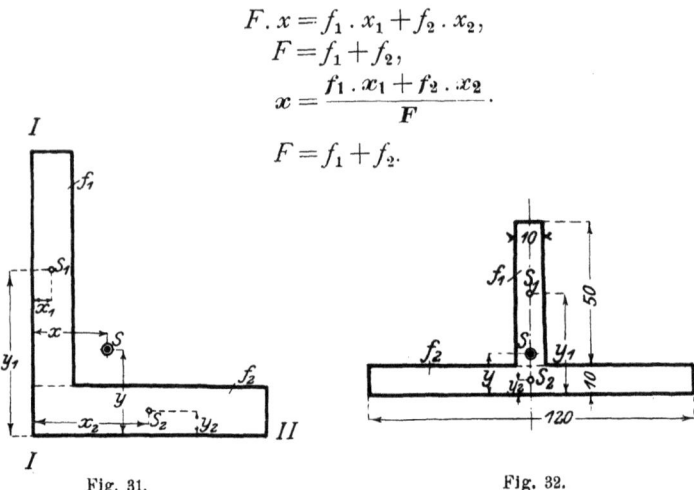

Fig. 31. Fig. 32.

Momentengleichung in bezug auf die Drehachse $II-II$:

$$F \cdot y = f_1 \cdot y_1 + f_2 \cdot y_2,$$
$$y = \frac{f_1 \cdot y_1 + f_2 \cdot y_2}{F}.$$

Beispiel. Breitflanschiges ⊥ Eisen, N.-P. 12/6. Der Schwerpunkt des Profiles soll bestimmt werden.

Da die Figur symmetrisch ist, liegt der Schwerpunkt auf der Symmetrieachse, d. h. der senkrechten Mittellinie.

1. Rechnerische Bestimmung.

Zerlegung des ganzen Querschnittes in die Rechtecke f_1 und f_2:

$$f_1 = 5 \text{ qcm},$$
$$f_2 = 12 \text{ qcm},$$
$$F = f_1 + f_2 = 17 \text{ qcm}.$$
$$y = \frac{5 \cdot 3{,}5 + 12 \cdot 0{,}5}{17} = 1{,}38 \text{ cm}.$$

2. Zeichnerische Bestimmung.

Beliebiger Maßstab gewählt, z. B.:
1 qcm Fläche entspricht 1 mm Länge der Kraftlinie.
$$f_1 = 5 \text{ mm},$$
$$f_2 = 12 \text{ mm}.$$

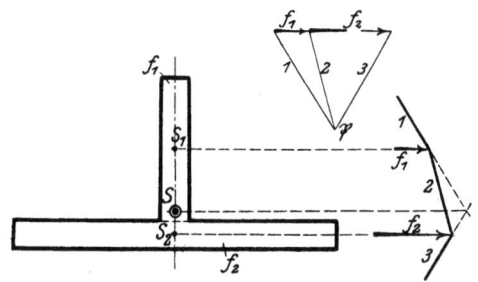

Fig. 33 a b.

Beispiel. Schwerpunkt einer Lokomotive. In Fig. 18 sind die Achsdrücke angegeben. Angenommen ist, daß die einzelnen Raddrücke durch Wagen bestimmt sind und daß die beiderseitigen Raddrücke jeder Achse gleich groß sind. Dann liegt der Gesamtschwerpunkt der Lokomotive in deren senkrechter Mittelebene, und zwar auf der Wirkungslinie von R.

17. Guldinsche Regel.

1. Oberfläche von Drehkörpern.

Die Drehfläche, die durch Drehung einer Linie um die Achse O entsteht, ist gleich dem Produkte:

Länge der erzeugenden Linie $\times$ Weg ihres Schwerpunktes bei einer Umdrehung.

Beispiel. Die Oberfläche eines Ringes vom mittleren Durchmesser D und vom Querschnitt $\dfrac{\pi \cdot d^2}{4}$ ergibt sich folgendermaßen:

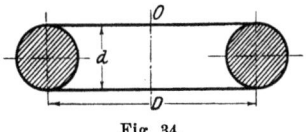

Fig. 34.

Umfang des Querschnittes:
$$\pi \cdot d = l,$$
Oberfläche des Ringes:
$$F = l \cdot \pi \cdot D.$$

22 Statik. Lehre vom Gleichgewicht der Kräfte.

2. Inhalt von Drehkörpern.

Der Inhalt eines Drehkörpers, der durch Drehung einer Fläche um die Achse O entsteht, ist gleich dem Produkte:

Erzeugungsfläche $\times$ Weg des Schwerpunktes der Fläche bei einer Umdrehung.

Der Inhalt des vorstehenden Ringes ist:

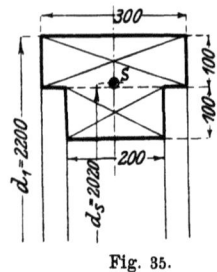

Fig. 35.

$$\frac{\pi \cdot d^2}{4} \cdot D \cdot \pi = V.$$

Beispiel. Das Gewicht Q eines Schwungringes[1]) ist zu berechnen:

$$Q = V \cdot s,$$

s = spezifisches Gewicht,

für Gußeisen

$$s = 7{,}2,$$

d. h. Gußeisen hat das 7,2 fache Gewicht des gleichen Volumens Wasser (4^0).

Fläche des Querschnittes:

$$F = 5 \text{ qdm.}$$

Inhalt des Ringes:

$$V = \pi \cdot 20{,}2 \cdot 5 = \sim 317 \text{ cbdm,}$$
$$Q = 317 \cdot 7{,}2 = 2280 \text{ kg.}$$

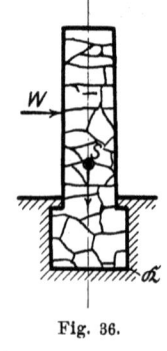

Fig. 36.

18. Stabilität.

Stabilität oder Standfestigkeit ist der Widerstand, den ein ruhender Körper dem Umwerfen entgegensetzt. Ein gemauerter Pfeiler, der von der Seite durch den Winddruck W getroffen wird, sucht um die untere Kante $\mathfrak{K}$ (Kippkante) zu kippen. Der Schwerpunkt S wird bei dem Kippen gehoben, bis er senkrecht über $\mathfrak{K}$ kommt. Der Betrag, um den S hierbei gehoben werden muß, ist um so größer, je tiefer S im Körper gelegen ist. Um so größer ist auch die Standfestigkeit.

---

[1]) Siehe Schwungradberechnung S. 100.

Gleitende Reibung. 23

19. Reibung.
A. Gleitende Reibung.

Ein auf einer Unterlage gleitender Körper geht in den Ruhezustand über, d. h. er verändert seinen ursprünglichen Bewegungszustand, weil seiner Bewegung entgegen ein Widerstand, die in der Berührungsebene wirkende Reibung $\Re$ wirksam ist. Die Mittelkraft aus dieser und dem von der Unterlage ausgeübten Gegendruck D ist R. R weicht um den Reibungswinkel[1]) ϱ von der Senkrechten ab.

$$\frac{\Re}{D} = \operatorname{tg} \varrho = \mu$$

heißt Reibungskoeffizient (unbenannte Zahl).

Die Größe von μ hängt von den aufeinander gleitenden Materialien, der Beschaffenheit der Oberflächen (Schmiermittel als

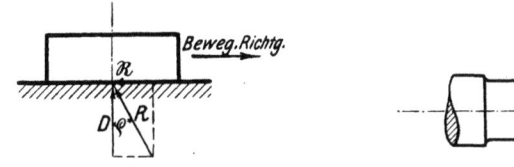

Fig. 37. Bewegungsrichtung.   Fig. 38.[2])

Zwischenschicht) und der Geschwindigkeit (Weg in einer Sekunde) ab.

Der Reibungswiderstand und ebenso der Reibungskoeffizient sind am größten bei dem Übergang aus dem Ruhezustand in die Bewegung.

Beispiel. Ein Dampfschieber wird durch den Dampfdruck und durch sein Eigengewicht mit $N = 5000$ kg gegen den Spiegel gedrückt. Zur Verschiebung des Schiebers ist erforderlich die Kraft

$$P = \mu \cdot N,$$
Annahme: $\mu = 0{,}15$,
$$P = 0{,}15 \cdot 5000 = 750 \text{ kg}.$$

Zapfenreibung.

1. **Tragzapfen.** Die Zapfenbelastung wirkt senkrecht zur Zapfenachse und wird durch die Lagerschale verteilt.

---

[1]) Andere Bedeutung und Bestimmung des Reibungswinkels siehe Schiefe Ebene S. 37.
[2]) Siehe auch Fig. 72.

24   Statik. Lehre vom Gleichgewicht der Kräfte.

Am Zapfenumfang wirken pro 1 qcm die durch die Zapfenachse gehenden Normaldrücke N. Die einzelnen N haben verschiedene Größe. Über der Zapfenmitte ist N am größten, an den Seiten des Zapfens ist

$$N = 0.$$

Jedem Druck N entspricht der Reibungswiderstand $\mu \cdot N$. Die Summe aller Normaldrücke ist:

$$\Sigma N > Q,$$

Zapfenreibung: $\mu \cdot \Sigma N = \mu_1 \cdot Q,$

μ_1 ist der Zapfenreibungskoeffizient. Bei guter Schmierung mit Rüböl, Mineralöl usw. ist nach „Hütte" für Stahlzapfen in Bronzelagern:

$$\mu_1 = 0{,}06,$$

bei schlechter Schmierung im Freien:

$$\mu_1 = 0{,}08.$$

Der Drehung des Zapfens wirkt hindernd entgegen das Moment:

$$M = \mu_1 \cdot Q \cdot r.$$

Für den „Beharrungszustand" muß das treibende Moment die gleiche Größe haben.

Beispiel (siehe Fig. 72). Der Tragzapfen einer Eisenbahnwagenachse hat die Maße $l = 200$ mm, $d = 90$ mm und ist mit $Q = 5000$ kg belastet,

$$\mu_1 = 0{,}06.$$

Die Zapfenreibung ist:

$$R = 0{,}06 \cdot 5000,$$
$$= 300 \text{ kg}.$$

Das der Drehung entgegenwirkende Moment der Zapfenreibung ist:

$$M = 300 \cdot 4{,}5 = 1350 \text{ cmkg}.$$

2. **Spurzapfen** (Fig. 39). Die Zapfenbelastung wirkt in der Zapfenachse. Die Druckverteilung ist bei dem ebenen Spurzapfen im neuen Zustande gleichmäßig. Bei einem aus der Druckfläche herausgeschnitten gedachten Sektor (der hier als Dreieck angesehen werden kann), greift also die Mittelkraft aller auf ihn entfallenden Drücke im Abstande $\frac{2}{3} r$ von der Zapfenachse an. Bei der Drehung des

Zapfens ist die Abnützung zunächst um so größer, je größer die Wege der betreffenden Punkte sind, also am größten am Umfange. Die Druckverteilung wird hierdurch ungleichmäßig. Der Drehung des Zapfens wirkt entgegen beim neuen Zapfen:

$$M = \mu_1 \cdot Q \cdot \frac{2}{3} \cdot r.$$

Seilreibung.

(Reibung von Seilen, Riemen und Bremsbändern am Umfang ihrer Scheiben.)

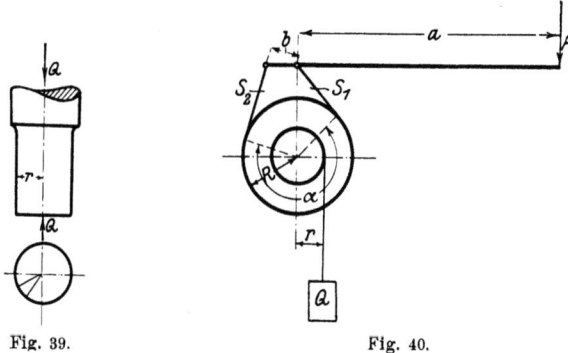

Fig. 39. Fig. 40.

Beispiel. Einfache Bandbremse.

1. Momentengleichung für den Bremshebel:

$$P \cdot a = S_2 \cdot b,$$
$$P \cdot \frac{a}{b} = S_2.$$

2. Momentengleichung für die Trommelwelle in deren Gleichgewichtslage:

$$S_2 \cdot R + Q \cdot r - S_1 \cdot R = 0,$$
$$\frac{S_2 \cdot R + Q \cdot r}{R} = S_1,$$
$$S_2 < S_1.$$

Die Last sucht die Bremsscheibe in der Figur im Sinne des Uhrzeigers zu drehen; die Scheibe spannt hierbei das Band an der rechten Seite an (S_1), auf der anderen Seite wird das Bremsband teilweise entspannt (S_2).

Es gilt die Gleichung:
$$S_1 = S_2 \cdot e^{\mu \cdot \alpha}.$$
Hierin ist:
$$e = 2{,}718$$
(Grundzahl des natürlichen Logarithmensystems).

μ ist der Reibungskoeffizient zwischen Band und Bremsscheibe, α ist der Umspannungswinkel.

Durch die Vereinigung und Umrechnung der beiden Gleichungen ergibt sich:
$$P = \frac{Q \cdot r \cdot b}{R \cdot (e^{\mu \cdot \alpha} - 1) \cdot a}.$$

Beispiel. Für eine Bandbremse nach Fig. 40 ist:

$Q = 500$ kg, $\qquad r = 125$ mm,
$R = 250$ mm,
$a = 1000$ mm, $\qquad b = 50$ mm,
$\alpha = 252^0$, $\qquad \dfrac{\alpha}{360^0} = 0{,}7$,
$\mu = 0{,}18$ (Stahlband auf gußeiserner Trommel),
$e^{\mu \cdot \alpha} = 2{,}21$.

$$P = \frac{500 \cdot 125 \cdot 50}{250 \cdot 1{,}21 \cdot 1000} = 10{,}3 \text{ kg},$$
$$S_2 = \frac{P \cdot a}{b} = 10{,}3 \cdot \frac{1000}{50} = 206 \text{ kg},$$
$$S_1 = S_2 \cdot e^{\mu \cdot \alpha} = 206 \cdot 2{,}21 = 455 \text{ kg}.$$

Riementrieb (Fig. 41). Die Spannung im ziehenden Riementeil ist größer als diejenige im gezogenen.
$$S_1 = S_2 \cdot e^{\mu \cdot \alpha},$$
α ist der kleinere der beiden Umspannungswinkel.

Für mittlere Verhältnisse angenähert:
$$S_1 = \sim 2 S_2.$$

Der Achsdruck ist daher:
$$Q = 3 S_2.$$

---

[1]) Übertragene Leistung S. 95..

Die zu übertragende Umfangskraft ist:
$$P = S_1 - S_2 = \sim S_2.$$

B. Rollende Reibung.

Rollende Bewegung ist dann vorhanden, wenn der zurückgelegte Weg gleich ist dem zur Berührung gekommenen Umfange des bewegten Rades (Kugel usw.). An der Berührungsstelle tritt

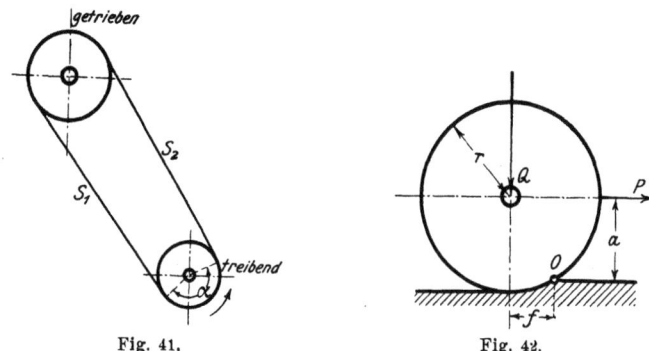

Fig. 41. Fig. 42.

eine dauernde oder augenblickliche Abflachung des Rades und eine Eindrückung der Bahn ein. Bei der Weiterbewegung muß das Rad um den Punkt O gedreht werden. Dem widersteht das Moment:
$$M = Q \cdot f.$$
Für den Beharrungszustand muß sein:
$$P \cdot a = Q \cdot f$$
oder, da $a = \sim r$,
$$P \cdot r = Q \cdot f.$$
f heißt der Koeffizient der rollenden Reibung. f ist eine Länge.

Die Kugeln eines Kugellagers laufen zwischen zwei Laufringen. In Fig. 43 ist eine Kugel des Lagers angedeutet. Bei der Verschiebung des oberen Laufringes durch die Kraft P ist am oberen und unteren Berührungspunkte der Kugel rollende Reibung zu überwinden.
$$P \cdot d = Q \cdot 2f.$$

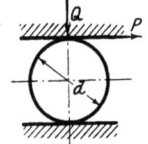

Fig. 43.

(Das Kugelgewicht ist hierbei vernachlässigt. Die Reibung ist oben und unten gleich groß angenommen.)

28 Statik. Lehre vom Gleichgewicht der Kräfte.

Beispiel. Die Kugeln eines Kugellagers haben $d = 15$ mm Durchmesser. Eine Kugel hat $Q = 225$ kg zu tragen. Für die Bewegung von Stahl auf Stahl ist $f = 0{,}005$ cm.

$$P \cdot 1{,}5 = 225 \cdot 2 \cdot 0{,}005,$$
$$P = 1{,}5 \text{ kg}.$$

Bei gleitender Reibung würde sich mit $\mu = 0{,}06$ ergeben
$$P = \mu \cdot Q = 0{,}06 \cdot 225 = 13{,}5 \text{ kg}.$$

20. Mechanische Arbeit.

Benennung: mkg oder kgm.

Bewegt sich eine Kraft P in der Kraftrichtung um den Weg s, so leistet sie hierbei die mechanische Arbeit
$$A = P \cdot s.$$

Mechanische Arbeit = Kraft × Weg in der Kraftrichtung.

Diese Arbeit kann man zeichnerisch darstellen durch ein Rechteck (Diagramm) von der Grundlinie s und der Höhe P.

Beispiel. 2 cbm = 2000 kg Wasser, die von 8 m Gefälle herabstürzen, leisten hierdurch die mechanische Arbeit
$$A = 2000 \cdot 8 = 16\,000 \text{ mkg}.$$

Mechanische Arbeit wird nicht erzeugt und verschwindet auch nicht.[1]) Es findet vielmehr stets nur eine Umwandlung einer Arbeitsform in eine andere statt. Ein auf eine Höhe h gehobenes Gewicht Q hat infolgedessen die Arbeitsfähigkeit (Energie der Lage) bei dem Herunterfallen von dieser Höhe die Arbeit $Q \cdot h$ zu leisten. Die gleiche Arbeit ist aber vorher aufgewandt worden, um das Gewicht zu heben, z. B. Triebgewichte einer Uhr. Ebenso hat eine gespannte Feder die Fähigkeit, eine bestimmte Arbeit zu leisten, die aber vorher bei der Spannung der Feder auf diese übertragen ist.

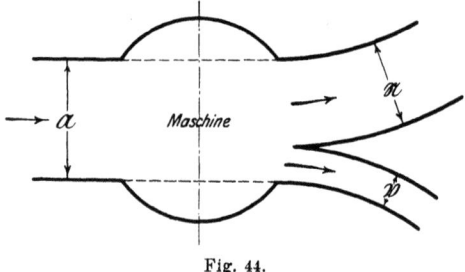

Fig. 44.

---
[1]) Siehe Erhaltung der Energie S. 105.

Mechanische Arbeit.

In jeder, auch leer laufenden Maschine wird durch Überwindung der Widerstände: Reibung, Luftwiderstand usw. mechanische Arbeit geleistet. Ohne Einleitung von Antriebsarbeit ist die dauernde Leistung von Arbeit nicht möglich: ein Perpetuum mobile gibt es nicht.

Die an einer Maschine aufgewandte mechanische Arbeit entspricht einem Strom, der in einer bestimmten Zeit $\mathfrak{A}$ mkg der Maschine zuführt. Von dieser Arbeitsmenge verschwindet nichts. Wohl aber wird in der gleichen Zeit nur ein Teil $\mathfrak{N}$ mkg zu einem beabsichtigten nützlichen Zweck, z. B. zum Heben einer Last benutzt: Nutzarbeit oder geleistete Arbeit, während ein anderer Teil von $\mathfrak{V}$ mkg zu der Überwindung der unvermeidlich in der Maschine vorhandenen Widerstände verbraucht wird: Verlustarbeit.

Aufgewandte Arbeit = Nutzarbeit + Verlustarbeit.

$$\mathfrak{A} = \mathfrak{N} + \mathfrak{V}.$$

Das Verhältnis

$$\frac{\text{Nutzarbeit}}{\text{Aufgewandte Arbeit}} = \frac{\mathfrak{N}}{\mathfrak{A}} = \eta$$

heißt der mechanische Wirkungsgrad einer Maschine.

Stets ist

$$\eta < 1.$$

Die stets senkrecht zur Kurbel wirkende Kraft P hat bei einer Umdrehung der Kurbel auf diese die mechanische Arbeit

$$\mathfrak{A} = P . 2 a \pi$$

übertragen.

Wird hierdurch in der gleichen Zeit ein Gewicht Q um die Höhe gehoben, so entspricht das der Nutzarbeit:

$$\mathfrak{N} = Q . h.$$

Der Unterschied

$$\mathfrak{A} - \mathfrak{N}$$

ist die Verlustarbeit, d. h. die für den geplanten Zweck nicht ausnützbare Arbeit.

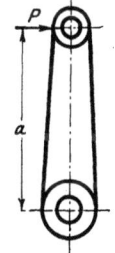

Fig. 45.

Beispiel. Kurbeldruck eines Mannes $P = 10$ kg; Arm der Handkurbel $a = 400$ mm. Bei einer Umdrehung auf die Kurbel übertragene Arbeit:

$$\mathfrak{A} = 10 . 2 . 0{,}4 . \pi = 25{,}13 \text{ mkg}.$$

30　Statik. Lehre vom Gleichgewicht der Kräfte.

Werden hierdurch 100 kg um 0,2 m gehoben, so beträgt die Nutzarbeit:
$$\mathfrak{N} = 20 \text{ mkg}.$$

Dann ist die Verlustarbeit:
$$\mathfrak{V} = 5{,}13 \text{ mkg}.$$

Der mechanische Wirkungsgrad ist:
$$\eta = \frac{20}{25{,}13} = \sim 0{,}8.$$

21. Einfache Maschinen.
A. Hebel.

a) Einarmiger Hebel. Kraft (P) und Last (Q) wirken beide vom Drehpunkt (O) aus gerechnet an derselben Seite des Hebels.

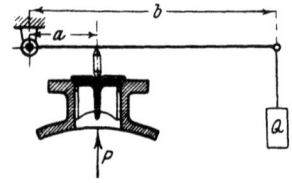
Fig. 46 a.

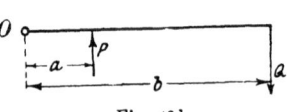
Fig. 46 b.

Beispiel. Sicherheitsventil eines Dampfkessels. Gleichgewicht ist vorhanden, wenn
$$P \cdot a = Q \cdot b,$$
$$\frac{P}{Q} = \frac{b}{a}.$$

Eigengewichte von Ventil und Hebel sind hier der Einfachheit halber vernachlässigt.

Kraft und Last verhalten sich umgekehrt wie ihre Hebelarme.

Reibungswiderstände sind hierbei wegen der Lagerung des Gestänges in Schneiden praktisch zu vernachlässigen.

b) Zweiarmiger Hebel. Der Drehpunkt liegt zwischen Kraft und Last.

Beispiel. Balancier zum Antrieb der Luftpumpe einer stehenden Dampfmaschine.

Gleicharmiger Hebel: die Hebelarme von Kraft und Last (Widerstand) sind gleich.

Ungleicharmiger Hebel: die Hebelarme von Kraft und Last sind nicht gleich.

Die auf den Hebel bei einem Hube übertragene Arbeit ist

$$P \cdot s,$$

die Nutzarbeit ist

$$Q \cdot h.$$

An dem linken Endzapfen das Balanciers wirkt der Reibungswiderstand

$$\mu_1 \cdot Q,$$

die von diesem bei einem Hube aufgezehrte Reibungsarbeit ist

$$\mu_1 \cdot Q \cdot r_1 \cdot \alpha.$$

Es bedeutet

r_1 den Zapfenhalbmesser,

α den Ausschlagswinkel des Stangenkopfes am Zapfen

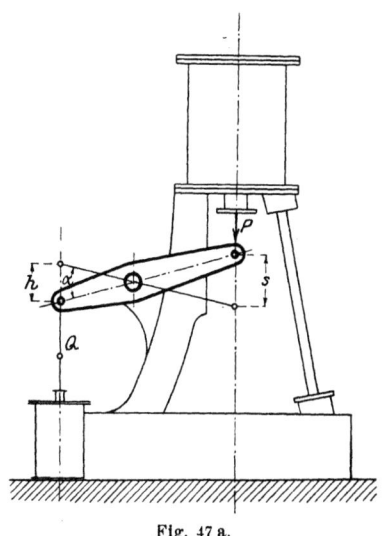

Fig. 47 a.

(z. B. für $\alpha = 18°$ ist der Bogen $r_1 \cdot \alpha = \dfrac{1}{20}$ des Zapfenumfanges usw.).

Die Belastung des Mittelzapfens vom Halbmesser r_2 ist

$$P + Q.$$

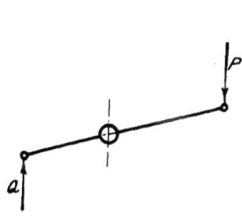

Fig. 47 b.

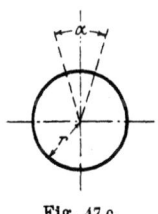

Fig. 47 c.

Verlustarbeit am Mittelzapfen:

$$\mu_1 \cdot (P + Q) \cdot r_2 \cdot \alpha.$$

Entsprechend ist die Verlustarbeit am rechten Zapfen

$$\mu_1 \cdot P \cdot r_3 \cdot \alpha.$$

Führungsrolle (Feste Rolle) ist ein zweiarmiger Hebel, wird durch die Seilbiegungswiderstände aus einem gleicharmigen zu einem ungleicharmigen Hebel.

Theoretisch:
$$P_t = Q.$$

Praktisch:
$$P_w \cdot a = Q \cdot b + (P+Q)\,\mu_1 \cdot \frac{d}{2},$$

$$P_w = Q \cdot \frac{b + \mu_1 \cdot \dfrac{d}{2}}{a - \mu_1 \cdot \dfrac{d}{2}},$$

$$P_w = Q \cdot k.$$

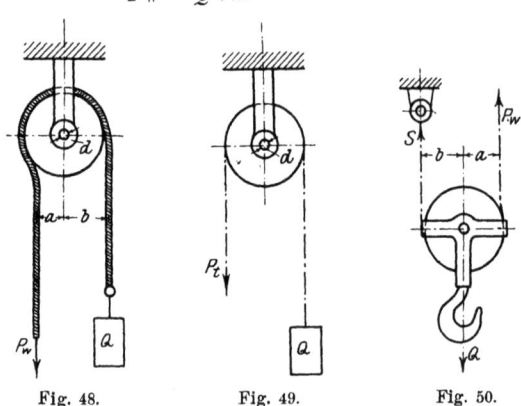

Fig. 48.   Fig. 49.   Fig. 50.

Mechanischer Wirkungsgrad:[1])

$$\eta = \frac{P_t}{P_w} \qquad k = \frac{1}{\eta}.$$

Die Wege von Kraft und Last sind gleich groß:
$$s = h.$$

Lose Rolle. Theoretisch:
$$S = P_t = \frac{Q}{2}.$$

Praktisch:
$$P_w = S \cdot k,$$

---

[1]) Siehe auch „Mechanische Arbeit" S. 29.

Einfache Maschinen.

$$\frac{P_w}{k} = S,$$
$$P_w + S = Q,$$
$$P_w\left(1 + \frac{1}{k}\right) = Q,$$
$$P_w = \frac{Q \cdot k}{k+1},$$

η ist abhängig vom Verhältnis

$$\frac{\text{Seilstärke}}{\text{Rollendurchmesser}}.$$

Bei Drahtseilen ist die Drahtstärke von großer Wichtigkeit.

Der Weg der Kraft ist doppelt so groß wie der Weg der Last:

$$s = 2h.$$

Beispiel. Über eine Führungsrolle vom Durchmesser $D = 400$ mm läuft ein Drahtseil, an dessen freiem Ende eine Last $Q = 700$ kg angehangen ist. Das ablaufende Seilende ist senkrecht nach abwärts geführt angenommen. Der Zapfendurchmesser ist $d = 40$ mm. Das Verhältnis $\frac{b}{a} = 1{,}04$ sei durch Messung bestimmt. Dann ist

$$b = 204 \text{ mm},$$
$$a = 196 \text{ mm}.$$

Der Zapfenreibungskoeffizient ist:

$$\mu_1 = 0{,}08.$$

Es ergibt sich die Antriebskraft:

$$P_w = 700\,\frac{20{,}4 + 0{,}08 \cdot 2}{19{,}6 - 0{,}08 \cdot 2},$$
$$P_w = \sim 740 \text{ kg}.$$

Der Rollenzapfen ist belastet durch:

$$P_w + Q = 1440 \text{ kg}.$$

Das Moment des Reibungswiderstandes am Zapfen ist:

$$M = 1440 \cdot 0{,}08 \cdot 2 = 230 \text{ cmkg}.$$

Für die Förderhöhe 1 m beträgt die Antriebsarbeit:

$$\mathfrak{A} = 740 \text{ mkg},$$

die Nutzarbeit:
$$\mathfrak{N} = 700 \text{ mkg},$$
die Verlustarbeit:
$$\mathfrak{V} = \mathfrak{A} - \mathfrak{N} = 40 \text{ mkg}.$$
der mechanische Wirkungsgrad:
$$\eta = \frac{\mathfrak{N}}{\mathfrak{A}} = \frac{700}{740} = 0,95.$$

Räder-Übersetzungen.

Bei zwei miteinander arbeitenden Zahnrädern, deren Teilkreisdurchmesser d_1 und d_2 in der Fig. 51 angegeben sind, kommen in der gleichen Zeit gleiche auf den Umfängen gemessene Längen in Berührung:
$$\pi \cdot d_1 \cdot n_1 = \pi \cdot d_2 \cdot n_2,$$
$$\frac{n_1}{n_2} = \frac{d_2}{d_1}.$$

n_1 und n_2 bedeuten die Umgangszahlen der Räder.

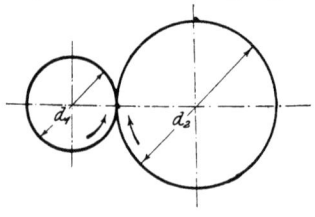
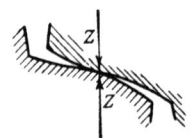

Fig. 51.   Fig. 52.

Die Umgangszahlen zweier miteinander arbeitender Zahnräder verhalten sich umgekehrt wie deren Teilkreisdurchmesser.

Ebenso gilt auch
$$\frac{n_1}{n_2} = \frac{Z_2}{Z_1},$$
wenn Z_1 und Z_2 die betr. Zahnzahlen bedeuten.

An der Berührungsstelle beider Räder werden Zahndrücke (Z) hervorgerufen, die gleich groß, aber (als Kraft und Gegenkraft) entgegengesetzt gerichtet sind.

Trommelwelle mit Kurbel.

Momentengleichung:
$$K \cdot a = Q \cdot R,$$

Kurbelkraft:

$$K = \frac{Q \cdot R}{a}.$$

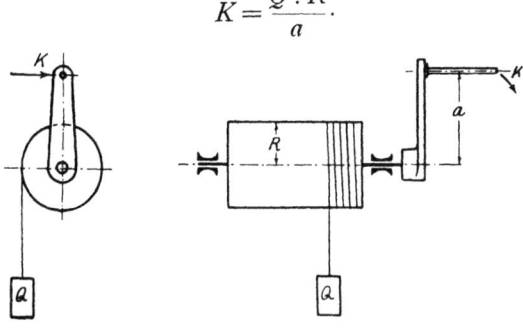

Fig. 53a. Fig. 53b.

Räderwinde mit 1 Vorgelege.

Momente an der Trommelwelle:

$$Q \cdot R = Z \cdot r_2,$$
$$\frac{Q \cdot R}{r_2} = Z.$$

Momente an der Kurbelwelle:

$$K \cdot a = Z \cdot r_1,$$
$$\frac{K \cdot a}{r_1} = Z,$$

Also ist:

$$\frac{K \cdot a}{r_1} = \frac{Q \cdot R}{r_2}.$$

Kurbelkraft (thoretisch):

$$K_t = Q \cdot \frac{R}{a} \cdot \frac{r_1}{r_2}.$$

Die wirklich erforderliche Kurbelkraft ist:

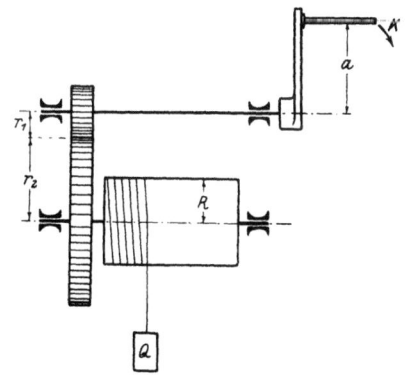

Fig. 54.

$$K_w = Q \cdot \frac{R}{a} \cdot \frac{r_1}{r_2} \cdot \frac{1}{\eta}.$$

η ist der Gesamt-Wirkungsgrad der Winde,
$\eta_1 =$ Wirkungsgrad der Trommelwelle,
$\eta_2 =$ „ „ Kurbelwelle und der Zahnräder.

36   Statik. Lehre vom Gleichgewicht der Kräfte.

Dann ist
$$\eta = \eta_1 \cdot \eta_2.$$
Der Gesamtwirkungsgrad einer Maschine ist gleich dem Produkt der Wirkungsgrade der einzelnen Teile.

Beispiel. Mit einer Winde sollen Lasten bis $Q = 500$ kg gehoben werden. Der Trommelhalbmesser ist $R = 125$ mm, Kurbelarm $a = 400$ mm. Der Gesamt-Wirkungsgrad ist $\eta = 0{,}87$. Es sollen 2 Mann mit je 15 kg Kurbelkraft arbeiten. Dann ist die erforderliche Räder-Übersetzung:

$$\frac{r_1}{r_2} = \frac{K \cdot a \cdot \eta}{Q \cdot R} = \frac{30 \cdot 400 \cdot 0{,}87}{500 \cdot 125} = \frac{1}{6}.$$

Räderwinde mit 2 Vorgelegen.

Die erforderliche Kurbelkraft[1]) ist

$$K_w = Q \cdot \frac{R}{a} \cdot \frac{r_1}{r_2} \cdot \frac{r_3}{r_4} \cdot \frac{1}{\eta}.$$

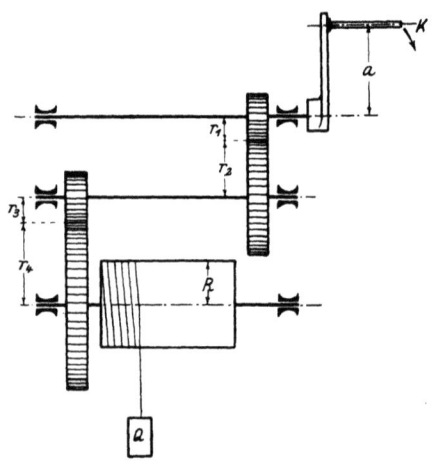

Fig. 55.

Die Gesamtübersetzung ist gleich dem Produkt der Teilübersetzungen.

Bei n Kurbelumdrehungen beträgt die an der Maschine aufgewendete Antriebsarbeit

$$\mathfrak{A} = K_w \cdot 2 a \cdot \pi \cdot n.$$

Hierdurch wird die Last um h gehoben. Es ist also die geleistete Nutzarbeit:

$$\mathfrak{N} = Q \cdot h.$$

B. Schiefe Ebene.

I. Auf den auf der schiefen Ebene liegenden Körper wirken die Kräfte:

---

[1]) Für die Ermittelung werden ebenso wie vorher die Momentengleichungen für die einzelnen Wellen aufgestellt. Die Zahndrücke sind dann wieder paarweise gleich.

Einfache Maschinen. 37

1. Parallel zur schiefen Ebene
nach abwärts
$$Q \cdot \sin \alpha,$$
nach aufwärts
$$Q \cdot \cos \alpha \cdot \mu.$$

Die Reibung widersteht dem Abgleiten.
Abgleiten findet statt, wenn
$$Q \cdot \sin \alpha > Q \cdot \cos \alpha \cdot \mu.$$

Gleichgewicht ist vorhanden, wenn
$$Q \cdot \sin \alpha < Q \cdot \cos \alpha \cdot \mu$$
und wenn
$$Q \cdot \sin \alpha = Q \cdot \cos \alpha \cdot \mu,$$
$$\operatorname{tg} \alpha = \mu,$$
$$\operatorname{tg} \alpha = \operatorname{tg} \varrho.$$

Dann ist der Neigungswinkel α der schiefen Ebene gleich dem Reibungswinkel

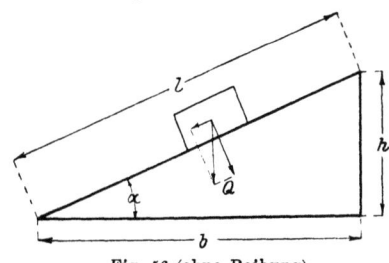

Fig. 56 (ohne Reibung).

$$\sin \alpha = \frac{h}{l},$$
$$\operatorname{tg} \alpha = \frac{h}{b};$$

h ist die Höhe oder Steigung der schiefen Ebene,
l ist die Länge der schiefen Ebene.

2. Senkrecht gegen die schiefe Ebene.
$$Q \cdot \cos \alpha.$$

II. Der Körper vom Gewicht Q soll durch die wagerecht wirkende Kraft P auf der schiefen Ebene gehoben werden. (Eine mit Q belastete Schraubenmutter soll auf der Schraubenspindel in die Höhe geschraubt werden.) (Fig. 57.)

Schraube.

Die geometrische Schraubenlinie ist entstanden zu denken durch das Aufwickeln des Steigungsdreiecks auf einen Zylinder.
$$P \cdot \cos \alpha = Q \cdot \sin \alpha + \mu \cdot (Q \cdot \cos \alpha + P \cdot \sin \alpha).$$

38   Statik. Lehre vom Gleichgewicht der Kräfte.

$$P = \frac{Q(\sin\alpha + \mu \cdot \cos\alpha)}{\cos\alpha - \mu \cdot \sin\alpha},$$

$$\mu = \operatorname{tg} \varrho = \frac{\sin\varrho}{\cos\varrho},$$

$$P = Q \cdot \frac{\dfrac{\sin\alpha \cdot \cos\varrho + \sin\varrho \cdot \cos\alpha}{\cos\varrho}}{\dfrac{\cos\alpha \cdot \cos\varrho - \sin\varrho \cdot \sin\alpha}{\cos\varrho}},$$

$$P = Q \cdot \operatorname{tg}(\alpha + \varrho).$$

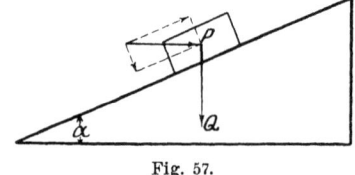

Fig. 57.

Drehung der Schraube:

An der Schraube ist P im Abstande r des mittleren Gewindehalbmessers wirkend angenommen.

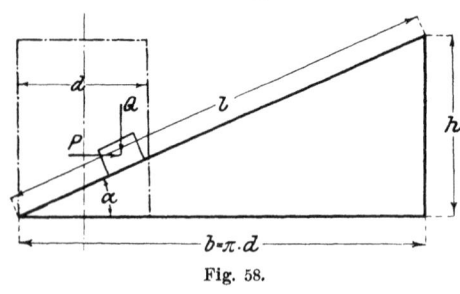

Fig. 58.

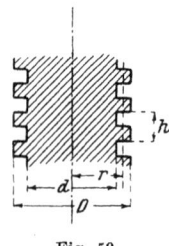

Fig. 59.

$$\frac{h}{l} = \sin\alpha, \qquad \frac{2\,r\cdot\pi}{l} = \cos\alpha,$$

$$P = Q \cdot \frac{h + \mu \cdot 2\,r\cdot\pi}{2\,r\cdot\pi - \mu \cdot h},$$

$$\frac{P\cdot r}{a} = K,$$

$$K = Q \cdot \frac{r}{a} \cdot \frac{h + \mu \cdot 2\,r\cdot\pi}{2\,r\cdot\pi - \mu \cdot h},$$

$$\boldsymbol{K = Q \cdot \frac{r}{a} \cdot \operatorname{tg}(\alpha + \varrho).}$$

Einfache Maschinen.

K ist die Kraft, welche am Hebelarm a die Schraube unter der Last Q dreht. (Heben der mit Q belasteten Spindel in der Mutter.)

Damit die Last um eine Ganghöhe gehoben wird, muß die Schraubenspindel einmal herumgedreht werden. Dann ist die Antriebsarbeit

$$\mathfrak{A} = K \cdot 2a \cdot \pi = P \cdot 2r \cdot \pi,$$

die Nutzarbeit

$$\mathfrak{N} = Q \cdot h.$$

Die Verlustarbeit ist:

$$\mathfrak{V} = (P \cdot \sin \alpha + Q \cdot \cos \alpha) \mu \cdot l.$$

Die erforderliche Antriebsarbeit ist so groß, als wenn die Schraube zwar keine Reibungswiderstände, statt deren aber für α

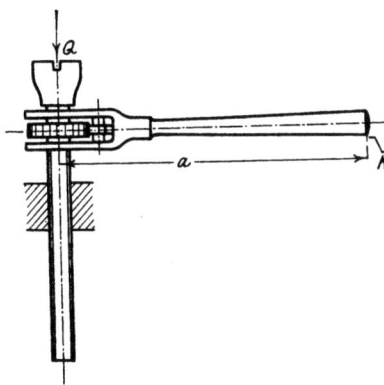

Fig. 60.   Fig. 61.

den größeren Steigungswinkel $\alpha + \varrho$ und statt h die Steigung h' besäße.

III. Die auf der schiefen Ebene befindliche Last Q soll der wagerecht wirkenden Kraft P das Gleichgewicht halten.

Ohne Reibung:

$$Q_t = \frac{P}{\operatorname{tg} \alpha}.$$

Mit Reibung:

$$Q_w = \frac{P}{\operatorname{tg}(\alpha - \varrho)} =$$

[Ansatz: $Q \cdot \sin \alpha - Q \cdot \cos \alpha \cdot \mu - P \cdot \sin \alpha \cdot \mu - P \cdot \cos \alpha = 0$].

$$\eta = \frac{Q_t}{Q_w},$$

$$= \frac{\operatorname{tg}(\alpha - \varrho)}{\operatorname{tg} \alpha}.$$

Bei der Schraube entspricht das der Drehung der Spindel durch die Last Q. Bewegung der Schraube durch die Last ist nur möglich, wenn
$$\alpha > \varrho.$$

Zum Festhalten und zum gleichmäßigen Senken der Last ist erforderlich:
$$K' = Q \cdot \frac{r}{a} \cdot \operatorname{tg}(\alpha - \varrho).$$

Hierbei ist der Einfachheit halber angenommen, daß der Reibungskoeffizient der Ruhe gleich ist dem Reibungskoeffizienten der Bewegung. Für $\alpha = \varrho$ ist $K' = 0$.

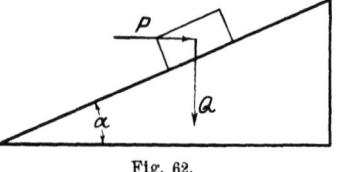

Fig. 62.

Wenn
$$\alpha < \varrho,$$
bleibt die Last in jeder Lage stehen. Dann besitzt die Schraube **Selbsthemmung**.

Zum Senken der Last ist die Kraft
$$K' = Q \cdot \frac{r}{a} \cdot \operatorname{tg}(\alpha - \varrho)$$
erforderlich.

K' ergibt sich jetzt negativ, d. h. es muß die entgegengesetzte Richtung haben wie oben. Siehe Beispiel S. 41.

Beispiel. Eine Hubschraube (Fig. 59 und 60) hat den Kerndurchmesser
$$d = 44 \text{ mm},$$
den äußeren Durchmesser
$$D = 54 \text{ mm},$$
die Steigung
$$h = 10{,}6 \text{ mm},$$
den mittleren Gewindehalbmesser
$$r = 24{,}5 \text{ mm}.$$
$$\operatorname{tg}\alpha = \frac{h}{2\,r.\,\pi} = \frac{10{,}6}{153{,}9} = 0{,}069,$$
$$\alpha = 4^0.$$

Dem Reibungskoeffizienten
$$\mu = 0{,}1$$
entspricht der Reibungswinkel
$$\varrho = 5^0\ 50',$$
$$\alpha + \varrho = 9^0\ 50'.$$

Am Hebelarm
$$a = 1 \text{ m}$$
soll die Kraft K wirken und die Last heben.

$$K = Q \cdot \frac{r}{a} \cdot \operatorname{tg} 9^0 \, 50',$$

$$Q = 6000 \text{ kg.}$$

$$= 6000 \cdot \frac{24{,}5}{1000} \cdot 0{,}17 = 25 \text{ kg},$$

Zum Senken der Last ist am Hebelarm a erforderlich:

$$K' = Q \cdot \frac{r}{a} \cdot \operatorname{tg} (\alpha - \varrho).$$

$$\alpha - \varrho = -1^0 \, 50',$$

$$\operatorname{tg} -1^0 \, 50' = -\operatorname{tg} 1^0 \, 50'.$$

$$K' = 6000 \cdot \frac{24{,}5}{1000} \cdot (-0{,}032) = -4{,}7 \text{ kg.}$$

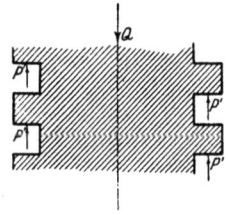
Fig. 63a.

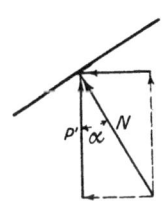
Fig. 63b.

Bewegungsschrauben.

Flachgängiges Gewinde. Auf 1 qcm der Fläche des Gewindeganges wirkt der Druck N senkrecht gegen diese Fläche.

Senkrechte Seitenkraft:
$$N \cdot \cos \alpha = P'.$$

Wagerechte Seitenkraft:
$$N \cdot \sin \alpha.$$

Die einzelnen wagerechten Seitenkräfte, die auf einen vollen Gewindegang wirken, heben sich gegenseitig auf.

Das ganze Gewinde habe f qcm Fläche. Dann ist:
$$f \cdot P' = Q.$$

Statik. Lehre vom Gleichgewicht der Kräfte.

Q ist die Belastung der Schraube. Bei der Bewegung der Schraube ist zu überwinden der Reibungswiderstand

$$\mu \cdot f \cdot N = \mu \cdot \frac{Q}{\cos \alpha}.$$

Befestigungsschrauben.

Scharfgängiges Gewinde. Auf 1 qcm der Gewindefläche senkrecht gegen diese Fläche wirkt der Druck N. Dessen Seitenkräfte sind wie oben:

$$N \cdot \cos \alpha = P',$$
$$N \cdot \sin \alpha.$$

Die Kraft P' wirkt hier aber nicht senkrecht, sondern um den Winkel β gegen die Schraubenachse geneigt. Die Wirkungslinie von P' schneidet die Schraubenachse unter dem Winkel β. P', ergibt also die senkrechte Seitenkraft:

$$P' \cdot \cos \beta.$$

Also muß sein:

$$f \cdot P' \cdot \cos \beta = Q.$$

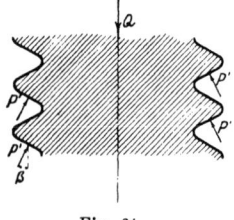

Fig. 64.

Bei der Bewegung der Schraube zu überwindender Reibungswiderstand:

$$\mu \cdot f \cdot N = \mu \cdot f \cdot \frac{P'}{\cos \alpha},$$

$$\mu \cdot f \cdot N = \mu \cdot \frac{Q}{\cos \alpha \cdot \cos \beta}.$$

Für Whitworth-Gewinde ist:

$$\beta = 27^\circ 30',$$
$$\cos \beta = 0{,}88,$$
$$\frac{1}{\cos \beta} = \sim 1{,}13.$$

Der bei der Bewegung der Schraube zu überwindende Reibungswiderstand ist also für Whitworth-Gewinde $\sim 1{,}13$ mal so groß als für Flachgewinde. Also ist auch der dem Lösen entgegenwirkende Widerstand bei scharfgängigem Gewinde größer als bei Flachgewinde.

Einfache Maschinen.

Keil.
Spaltwirkung des Keiles.

a Keilrücken.
b, b Keilseiten.

Die Drücke D, D weichen wegen der an den Seiten auftretenden Reibung um den Reibungswinkel ϱ von der Flächen-

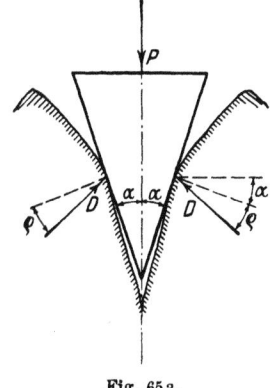

Fig. 65 a.

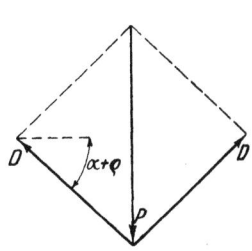

Fig. 65 b.

senkrechten ab. Bei gleichförmiger Bewegung des Keiles müssen die drei Kräfte D, P und D miteinander im Gleichgewicht sein.

$P = 2 D \sin(\alpha + \varrho)$.

Anwendung: Schneidstähle. (Bei den Schnellschnittstählen nimmt man an, daß, wie in der Fig. 66, das Material abspaltet, ohne die Schneidkante zu berühren.)

$D_1 = \sim D_2$.

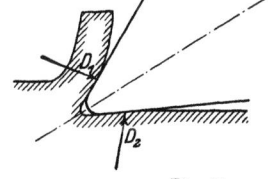

Fig. 66.

$P \sin \alpha$ drückt den Stahl gegen das Werkstück.

$P \cos \alpha$ schiebt den Stahl (oder das Werkstück) parallel zur Arbeitsfläche vorwärts.

Keilverbindung.
Sicherheit gegen selbsttätige Lösung des Keiles.
Zum Lösen des Keiles ist erforderlich die Kraft:

$P = D_1 . \sin(\varrho - \alpha) + D_2 . \sin \varrho$.

44 Statik. Lehre vom Gleichgewicht der Kräfte.

Eine selbsttätige Lösung des Keiles würde eintreten, wenn er bereits durch die Kraft

$$P = 0,$$

also nur durch die an der Stange ziehende Kraft Q, aus der Hülse herausgetrieben werden würde.

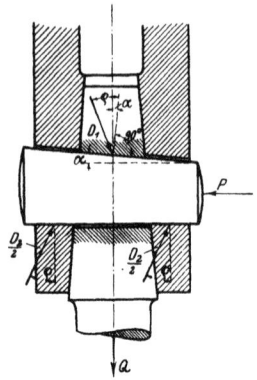

Fig. 67 a.

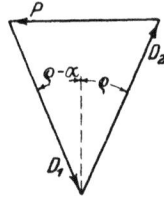

Fig. 67 b.
Schema der auf den Keil wirkenden Kräfte.

$$D_1 \sin(\varrho - \alpha) + D_2 \sin \varrho = 0,$$
$$D_2 \sin \varrho = - D_1 \sin(\varrho - \alpha),$$
$$D_2 \cos \varrho = D_1 \cdot \cos(\varrho - \alpha),$$
$$D_2 = D_1 \cdot \frac{\cos(\varrho - \alpha)}{\cos \varrho}.$$
$$D_1 \cdot \frac{\cos(\varrho - \alpha)}{\cos \varrho} \cdot \sin \varrho = - D_1 \sin(\varrho - \alpha),$$
$$\operatorname{tg} \varrho = - \frac{\sin(\varrho - \alpha)}{\cos(\varrho - \alpha)},$$
$$\operatorname{tg} \varrho = - \operatorname{tg}(\varrho - \alpha),$$
$$\operatorname{tg} \varrho = \operatorname{tg}(\alpha - \varrho),$$
$$\varrho = \alpha - \varrho,$$
$$2\varrho = \alpha,$$

d. h. es muß sein:

$$\alpha \leq 2\varrho,$$

damit die Keilverbindung Selbsthemmung besitzt. Wenn

$$\alpha > 2\varrho$$

wäre, so würde der Keil durch den an der Stange wirkenden Zug (Q) aus der Hülse herausgedrückt werden.

II. Festigkeitslehre.

1. Zugfestigkeit.

Ein durch Q nach Fig. 68 belasteter Stab wird um f verlängert. Das Verhältnis

$$\frac{f}{l} = \varepsilon = \text{Verlängerung der Längeneinheit}$$

heißt Dehnung. Mit der Verlängerung hängt zusammen eine Verminderung des Querschnittes. An der Stelle, an welcher bei Steigerung der Belastung schließlich das Zerreißen erfolgt, bildet sich vorher eine besonders starke Einschnürung. Der schwächste Querschnitt heißt der gefährliche Querschnitt.

$$\frac{Q}{F} = k$$

heißt die Beanspruchung (hier die wirklich hervorgerufene) des Materiales. Es ist hierbei angenommen, daß die Beanspruchung an den verschiedenen Stellen eines Querschnittes die gleiche ist.

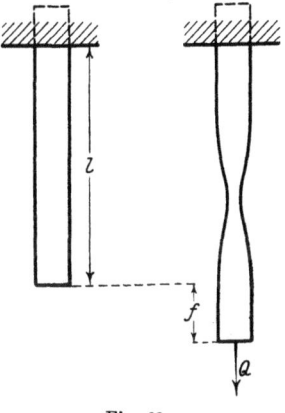

Fig. 68.

Benennung: kg/qcm.

Beanspruchung oder Spannung = Belastung der Flächeneinheit (gewöhnlich 1 qcm).

Das Hookesche Gesetz besagt:

Die Dehnungen sind proportional den Spannungen.

$$\varepsilon = \alpha \cdot k.$$

α ist die Dehnungszahl. Sie gibt die Verlängerung eines Stabes von 1 cm ursprünglicher Länge und 1 qcm ursprünglichem Querschnitt durch die Last 1 kg.

$$\frac{1}{\alpha} = E$$

ist das Elastizitätsmaß.

Das Hookesche Gesetz gilt nur beschränkt (für mäßige Belastungen) und angenähert, für Gußeisen gar nicht.

Die Dehnungen können elastische oder bleibende sein. Ist das letztere der Fall, so ist die Elastizitätsgrenze des betreffenden Materials durch die Belastung überschritten worden. Die Grenze der Beanspruchung, bei welcher ein Zerreißen eintritt, heißt die Zugfestigkeit. Die zulässige Beanspruchung ist geringer als die Festigkeit. Das Verhältnis

$$\frac{\text{Festigkeit}}{\text{zulässige Beanspruchung}}$$

heißt Sicherheitsgrad.

Der gefährliche Querschnitt ist derjenige, in welchem infolge zu großer Belastung die Zerstörung eintreten würde.

Drei Belastungsfälle:
a) Ruhende Belastung. Die Belastung wirkt dauernd in gleicher Größe nach derselben Richtung.
b) Die Belastung wirkt stets nach derselben Richtung. Die Größe der Belastung ändert sich zwischen 0 und einem größten Wert Q
c) Größe und Richtung der Belastung ändern sich.

Die Verlängerung ist bestimmt durch die Formel:

$$f = \frac{Q}{F} \cdot \frac{l}{E} = \frac{k_z \cdot l}{E},$$

d. h. die Verlängerung ist um so größer, je größer die Belastung und die Stab- oder Faserlänge, je kleiner aber gleichzeitig der Stabquerschnitt und je kleiner das Elektrizitätsmaß des betreffenden Materiales ist.

Es ergibt sich die Dehnung:

$$\frac{f}{l} = \frac{k_z}{E}.$$

Die Berechnung eines auf Zug beanspruchten Körpers erfolgt nach der Formel:

$$Q = F \cdot k_z.$$

Es bedeutet:
Q die Last in kg,
F den gesamten, auf Zug beanspruchten (gefährlichen) Querschnitt in qcm,
k_z die zulässige Zugbeanspruchung in kg/qcm.

Der auf Zug beanspruchte Querschnitt liegt senkrecht zur Kraftrichtung.

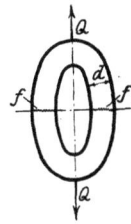

Fig. 69.

Beispiel. Eine Gliederkette soll die Last $Q = 1000$ kg tragen. Die in den Querschnitten f hervorgerufene Zugbeanspruchung soll nicht größer sein als $k_z = 600$ kg/qcm.

$$Q = F \cdot k_z,$$
$$F = 2 \cdot f = 2 \cdot \frac{\pi \cdot d^2}{4},$$
$$2 \cdot f = \frac{1000}{600},$$

erforderlich: $f = 0{,}83$ qcm,
gewählt nach Tabelle $f = 0{,}95$ qcm, $d = 11$ mm.

2. Druckfestigkeit.

Die Last ruft eine Verkürzung und im Zusammenhang damit eine Vergrößerung des Querschnittes an dem beanspruchten Körper hervor.

Der auf Druck beanspruchte Querschnitt F liegt senkrecht zur Kraftrichtung.

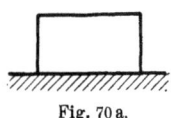
Fig. 70 a.

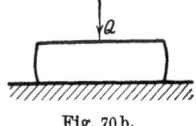
Fig. 70 b.

Bei der Berührung von zwei verschiedenen Materialien ist ausschlaggebend k_d des weniger festen Materiales. Siehe Fundamentfläche des gemauerten quadratischen Pfeilers (Fig. 71).

Druckfestigkeit und Sicherheitsgrad entsprechend wie oben bei Zug. Berechnet wird nach der Formel:

$$Q = F \cdot k_d.$$

Bei einem nach der Fig. 72 durch Q belasteten Zapfen rechnet man als gedrückte Fläche

$$F = l \cdot d,$$

d. h. die Projektion des Zapfens.

Unter der Annahme, daß die Schale den Zapfen am halben Umfange berührt, sind die nach dem Mittelpunkt gerichteten Flächendrücke von verschiedener Größe. Die Druckverteilung ist durch die Fig. 38 angedeutet.

Der Flächendruck des gegebenen Zapfens wird berechnet nach der Formel:

$$p = \frac{Q}{l \cdot d}.$$

NB. In Wirklichkeit berührt die Schale den Zapfen nicht am halben Umfange, sondern nur im oberen Teile.

Beispiel. Ein gemauerter Pfeiler von quadratischem Querschnitt ist mit $Q = 20000$ kg belastet.

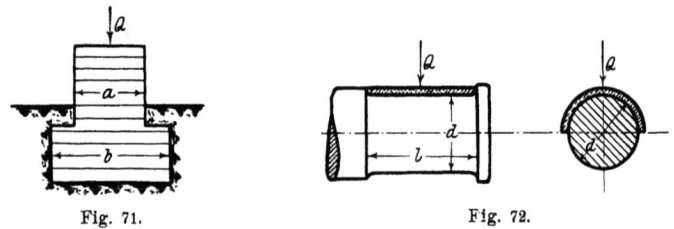

Fig. 71.   Fig. 72.

Für Ziegelmauerwerk in Zementmörtel ist zulässig:

$$k_d = 12 \text{ kg/qcm},$$

$$a = \sqrt{\frac{20000}{12}} = 41 \text{ cm},$$

wegen des Steinmaßes gewählt:

$$a = 51 \text{ cm (2 Steine mit Fugen)}.$$

Für den Baugrund ist zulässig:

$$k_d = 2 \text{ kg/qcm},$$

$$b = \sqrt{\frac{20000}{2}} = 100 \text{ cm},$$

gewählt:

$$b = 103 \text{ cm (4 Steine mit Fugen)}.$$

Beispiel. Ein Kurbelzapfen (Fig. 72) hat die Maße $l = 95$ mm, $d = 75$ mm und ist durch die Kraft $S = 4100$ kg belastet. Die Druckbeanspruchung des Zapfens ist:

$$k_d = \frac{4100}{7{,}5 \cdot 9{,}5} = \sim 58 \text{ kg/qcm}.$$

Biegungsfestigkeit. 49

3. Scherfestigkeit (Schubfestigkeit).

Die Querschnitte, in denen infolge zu großer Belastung schließlich eine Trennung eintritt, werden parallel zu einander verschoben.

Die auf Abscherung beanspruchten Querschnitte liegen **parallel zu der Kraftrichtung**.

Bei dem Stanzen eines Loches wird der Querschnitt

$$F = \pi \cdot d \cdot s$$

auf Abscherung beansprucht.

Die Kraft Q ergibt sich aus der Formel:

$$Q = F \cdot K_s.$$

Hierin bedeutet K_s die Scherfestigkeit.

Ein auf Abscherung beanspruchter Maschinenteil ist zu berechnen nach der Formel:

$$Q = F \cdot k_s.$$

Beispiel. Ein Flußeisenblech hat die Scherfestigkeit $K_s = 4000$ kg/qcm. Die Blechstärke ist $s = 10$ mm. Zum Stanzen eines Loches vom Durchmesser $d = 12$ mm ist erforderlich die Kraft:

$$Q = s \cdot \pi \cdot d \cdot 4000 = 15\,000 \text{ kg}.$$

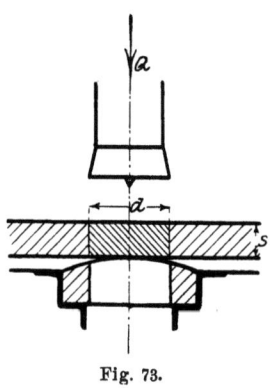

Fig. 73.

4. Biegungsfestigkeit.

A. Freiträger mit Einzellast.

Der nach Maßgabe der Fig. 74 und 75 belastete Träger von ursprünglich gerader Achse wird durch die Last gekrümmt. Hier-

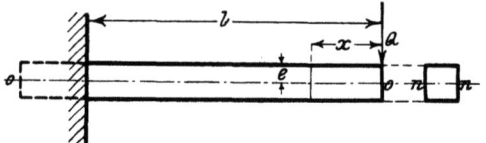

Fig. 74. Freiträger mit Einzellast.

bei werden zwei beliebige ursprünglich einander parallele Querschnitte F_1 und F_2 gegeneinander gedreht. Es ist angenommen,

Vogdt, Mechanik. 4

daß beide Querschnitte vor und nach der Biegung eben sind. Bei der gegenseitigen Drehung beider Querschnitte werden die sie verbindenden Materialfasern teils verlängert, teils verkürzt. Die erste Fasergruppe erleidet also Zugspannungen (hier in der oberen Querschnittshälfte), die zweite Fasergruppe erleidet Druckspannungen (hier in der unteren Querschnittshälfte). Da die Dehnungen und Verkürzungen aber nach der Mitte zu abnehmen, so muß nach dem Hookeschen Gesetze geschlossen werden, daß auch die Zug- und Druckspannungen nach der Mitte zu abnehmen und daß in der Ebene OO gar keine Spannungen hervorgerufen werden. Neutrale Faserschicht. Neutrale Achse nn ist deren Schnittlinie mit dem Querschnitt.

Die größten oben und unten hervorgerufenen Spannungen dürfen, damit das Material nicht überanstrengt wird, nicht größer sein als die zulässigen Spannungen k_z und k_d. Die in der Entfernung y von OO hervorgerufene Zugspannung ist dann

$$k_z \cdot \frac{y}{e}.$$

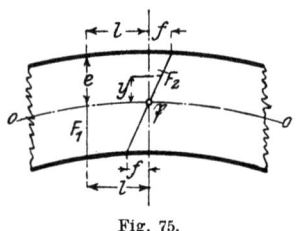

Fig. 75.

In dem beliebigen Querschnitt F_2 wirkt das Moment (Fig. 76a)

$$M_x = Q \cdot x.$$

Zeichnerische Darstellung der Biegungsmomente am Freiträger mit Einzellast (Fig. 76b).

Das größte Biegungsmoment

$$M = Q \cdot l$$

wirkt in dem Einspannungsquerschnitt. Es wird unter dem gefährlichen Querschnitt in einem beliebigen Maßstabe, z. B.

1 mm = 1 mkg,

aufgetragen. Dann geben in dem Momentendreieck die Senkrechten unter den anderen Balkenquerschnitten die dort hervorgerufenen Biegungsmomente in demselben Maßstabe an. Siehe z. B. $Q \cdot x$. Die Spitze des Momentendreiecks liegt unter dem Angriffspunkt der Last.

Damit in dem Querschnitt F_2 nicht der rechte Balkenteil von dem linken getrennt wird, müssen die allgemeinen Gleichgewichtsbedingungen für den rechten Balkenteil erfüllt sein:

Biegungsfestigkeit.

1. Summe aller senkrechten Seitenkräfte gleich 0.

In dem Querschnitt wird ein nach oben wirkender Scherwiderstand Q hervorgerufen.

2. Summe aller wagerechten Seitenkräfte gleich 0.

In F_2 wirken auf den rechten Balkenteil nach links alle Zugspannungen und nach rechts alle Druckspannungen. Auf alle gleich weit von OO entfernten Punkte wirken gleiche Spannungen (Zug- oder Druck-). (Fig. 77.)

Auf den beliebigen Streifen F wirkt die innere Kraft (hier Zug):

$$\frac{k}{e} \cdot y \cdot F.$$

Die Summe

$$\Sigma \cdot \frac{k}{e} \cdot y \cdot F = \frac{k}{e} \cdot \Sigma \cdot y \cdot F$$

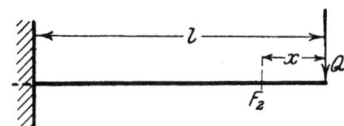

Fig. 76a.

aller dieser wagerechten Kräfte kann aber nur dann 0 sein, wenn

$$\Sigma . y . F = 0,$$

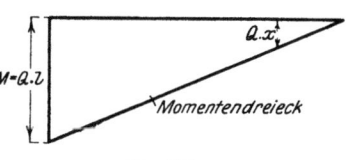

Fig. 76b.

d. h. die Summe der statischen Momente aller Streifen, bezogen auf die neutrale Achse, Null ist. Hieraus ergibt sich die Bedingung:

Die neutrale Achse geht durch den Schwerpunkt des Querschnittes.

3. Summe aller statischen Momente in bezug auf irgend einen Drehpunkt gleich 0.

$\mathfrak{P}$ als Drehpunkt angenommen.

Im Uhrzeigersinn dreht $Q . x$. Gegen den Uhrzeiger drehen die Zug- und Druckspannungen. Das Moment einer im Abstand y von OO wirkenden Zugspannung ist

$$k_z \cdot \frac{y}{e} \cdot y = k_z \cdot \frac{y^2}{e}.$$

Also hat die auf einen Streifen F wirkende Zugkraft das Moment:

$$\frac{k_z}{e} \cdot y^2 \cdot F,$$

$$k_z = k_d = k.$$

Also ist die Summe aller dieser Momente, die sich für die einzelnen Streifen ergeben:

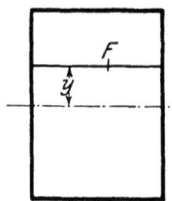

Fig. 77.

$$Q \cdot x = \Sigma \cdot \frac{k}{e} \cdot y^2 \cdot F,$$

$$= \frac{k}{e} \cdot \Sigma \cdot y^2 \cdot F.^1)$$

Die Summe

$$\Sigma \cdot y^2 \cdot F = J$$

heißt das äquatoriale Trägheitsmoment[2]) des betr. Querschnittes.

Benennung: cm⁴.

$$M_x = Q \cdot x = \frac{k \cdot J}{e},$$

$$\frac{J}{e} = \frac{\text{Trägheitsmoment}}{\text{Abstand der äußersten Faser von } 0\,0},$$

$$= \text{Widerstandsmoment} = W.$$

Benennung: cm³.

Die Spannung k entspricht hier der zulässigen Biegungsbeanspruchung k_b.

Bei Gußeisen ist für k_b maßgebend die zulässige Zugbeanspruchung, weil diese geringer ist als die zulässige Druckbeanspruchung.

Bei Gußeisen soll auf Zug diejenige Seite des Querschnittes beansprucht werden, die der neutralen Achse am nächsten liegt.

Zu rechnen ist nach der Biegungsformel:

$$\boldsymbol{M = Q \cdot l = W \cdot k_b}.$$

Für ein gegebenes Biegungsmoment ist also das erforderliche Widerstandsmoment (und damit die Balkenstärke) zu berechnen:

$$W = \frac{M}{k_b}.$$

---

[1]) y hat für jeden einzelnen Streifen einen anderen Wert.
[2]) Siehe Trägheitsmomente S. 53.

Biegungsfestigkeit. 53

B. Trägheitsmomente und Widerstandsmomente.

1. Ein Rechteck $b \cdot h$ ist nach Fig. 78 in vier gleiche Streifen $b \cdot a$ geteilt. Die Schwerpunkte der einzelnen Streifen f_1, f_2, f_3, f_4 haben von der Grundlinie die Abstände y_1, y_2, y_3, y_4:

$$y_1 = \frac{a}{2}, \qquad y_2 = \frac{3a}{2}, \qquad y_3 = \frac{5a}{2}, \qquad y_4 = \frac{7a}{2}.$$

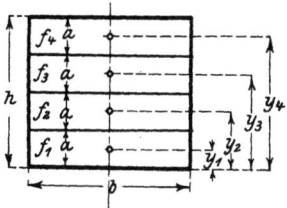

Fig. 78.

Es ist das äquatoriale Trägheitsmoment in bezug auf die Grundlinie:

$$J' = f_1 \cdot y_1^2 + f_2 \cdot y_2^2 + f_3 \cdot y_3^2 + f_4 \cdot y_4^2 = b \cdot a \left(\frac{a^2}{4} + \frac{9a^2}{4} + \frac{25a^2}{4} + \frac{49a^2}{4} \right),$$

$$= b \cdot a^3 \cdot \frac{84}{4},$$

$$a = \frac{h}{4},$$

$$= \frac{b \cdot h^3}{64} \cdot \frac{84}{4},$$

$$= \frac{b \cdot h^3}{3{,}047}.$$

Führt man für dasselbe Rechteck die entsprechende Rechnung bei einer Teilung in 6 gleiche Streifen durch, so ist:

$$J' = f_1 \cdot y_1^2 + f_2 \cdot y_2^2 + \ldots f_6 \cdot y_6^2 = \frac{b \cdot h^3}{3{,}02},$$

für 8 gleiche Streifen:

$$J' = f_1 \cdot y_1^2 + f_2 \cdot y_2^2 + \ldots f_8 \cdot y_8^2 = \frac{b \cdot h^3}{3{,}01},$$

für sehr viele sehr schmale Streifen:

$$J' = f_1 \cdot y_1^2 + f_2 \cdot y_2^2 + \ldots f_n \cdot y_n^2 = \frac{b \cdot h^3}{3}.$$

2. Die Schwerpunkts-Entfernungen der einzelnen, z. B. 4 Streifen, werden auf die wagerechte Schwerachse des ganzen Rechteckes bezogen. Es wird die entsprechende Summe gebildet:

$$f_1 \cdot x_1{}^2 + f_2 \cdot x_2{}^2 + f_3 \cdot x_3{}^2 + f_4 \cdot x_4{}^2 = b \cdot a \cdot \left(\frac{9\,a^2}{4} + \frac{a^2}{4} + \frac{a^2}{4} + \frac{9\,a^2}{4}\right).$$

Und zwar sind:[1)]

$$x_1 = -\frac{3}{2} \cdot a,$$

$$x_2 = -\frac{a}{2},$$

$$x_3 = \frac{a}{2},$$

$$x_4 = \frac{3\,a}{2},$$

$$J = 5\,b \cdot a^3,$$

$$a = \frac{h}{4},$$

$$J = \frac{b \cdot h^3}{12,8}.$$

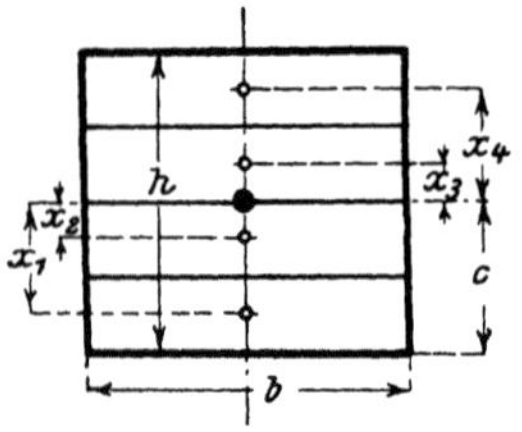

Fig. 79.

Wenn wieder statt 4 Streifen sehr viele und sehr schmale Streifen gewählt werden, so ergibt sich:

$$f_1 \cdot x_1{}^2 + f_2 \cdot x_2{}^2 + \ldots f_n \cdot x_n{}^2 = J = \frac{b \cdot h^3}{12}.$$

J ist das äquatoriale Trägheitsmoment des Rechteckes, bezogen auf dessen wagerechte Schwerachse.

Das auf die wagerechte Schwerachse bezogene Widerstandsmoment des Rechteckes ist:

$$W = \frac{J}{\frac{h}{2}},$$

$$W = \frac{b \cdot h^2}{6}.$$

[1)] Siehe auch: Zusammenhang der auf verschiedene parallele Achsen bezogene Trägheitsmomente. S. 55.

Biegungsfesstigkeit. 55

3. **Zusammenhang der auf verschiedene parallele Achsen bezogenen Trägheitsmomente.**

Nach Fig. 78 und 79 sind:
$$y_1 = x_1 + c,$$
$$y_2 = x_2 + c,$$
$$y_3 = x_3 + c,$$
$$y_4 = x_4 + c,$$

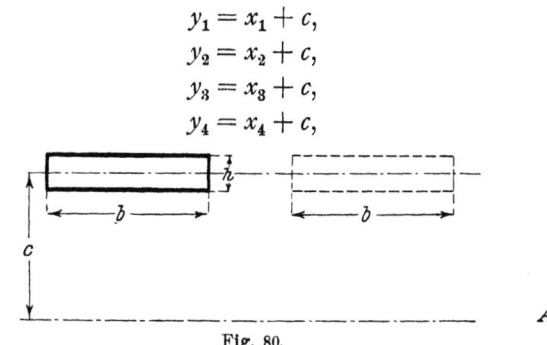

Fig. 80.

x_1 und x_2 sind hier negativ, weil nach unten gerechnet. Dann ist das auf die Grundlinie bezogene Trägheitsmoment:
$$J' = (f_1 \cdot x_1^2 + f_2 \cdot x_2^2 + f_3 \cdot x_3^2 + f_4 \cdot x_4^2) +$$
$$+ 2c(f_1 \cdot x_1 + f_2 \cdot x_2 + f_3 \cdot x_3 + f_4 \cdot x_4) + c^2(f_1 + f_2 + f_3 + f_4).$$

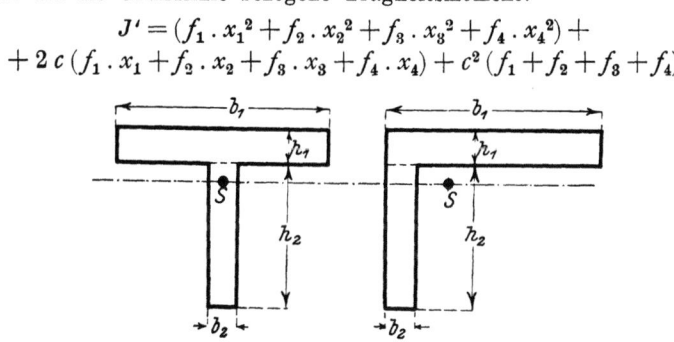

Fig. 81.

Der in der mittleren Klammer stehende Wert ist 0 als Summe der statischen Momente der einzelnen Flächenteile bezogen auf die Schwerachse der ganzen Fläche. Es ergibt sich:
$$J' = J + c^2 \cdot F.$$

Hierin bedeutet F die ganze Fläche.

Das auf die Achse A, A bezogene Trägheitsmoment des Rechteckes in Fig. 80 ist in der Lage 1 das gleiche wie in der Lage 2:
$$J' = \frac{b \cdot h^3}{12} + c^2 \cdot b \cdot h.$$

Die Trägheitsmomente eines zusammengesetzten Querschnittes werden nicht verändert, wenn die einzelnen Querschnittsteile parallel zur Schwerachse des ganzen Querschnittes verschoben werden.

Berechnung des Trägheitsmomentes eines zusammengesetzten Querschnittes.

Beispiel. T-Querschnitt.

Zerlegung in zwei Rechtecke:

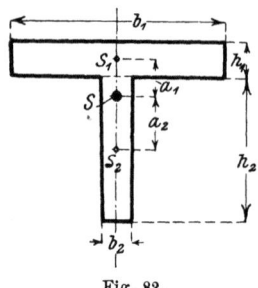

Fig. 82.

$f_1 = b_1 \cdot h_1$ Schwerpunkt s_1,
$f_2 = b_2 \cdot h_2$ „ s_2.

Trägheitsmomente der Rechtecke bezogen auf die eigenen Schwerachsen:

$$i_1 = \frac{b_1 \cdot h_1^3}{12},$$

$$i_2 = \frac{b_2 \cdot h_2^3}{12}.$$

Trägheitsmomente der Rechtecke bezogen auf die Schwerachse des ganzen Querschnittes:

$$i_1' = \frac{b_1 \cdot h_1^3}{12} + a_1^2 \cdot b_1 \cdot h_1,$$

$$i_2' = \frac{b_2 \cdot h_2^3}{12} + a_2^2 \cdot b_2 \cdot h_2.$$

Trägheitsmoment des T-Querschnittes bezogen auf die wagerechte Schwerachse des Ganzen:

$$J = i_1' + i_2'.$$

Vergrößerung von Trägheitsmoment und Widerstandsmoment bei zusammengesetzten Querschnitten.

Eine aus zwei ⊐-Eisen zusammengenietete Stütze hat in bezug auf die Achse Y nach Fig. 83 das Trägheitsmoment:

$$J_y = 2 \cdot (i_y + a^2 \cdot f).$$

Es bedeuten:

f den Querschnitt eines ⊐-Eisens,
i_y das Trägheitsmoment eines ⊐-Eisens, bezogen auf die eigene Schwerachse s.

Biegungsfestigkeit.

Werden dieselben zwei ⊏-Eisen (Fig. 84) auseinander gerückt und an einzelnen Punkten durch aufgenietete Flacheisen $\mathfrak{F}$ verbunden, so ist das Trägheitsmoment beider ⊏-Eisen in bezug auf die Achse Y:

$$J_y{}' = 2 \cdot (i_y + b^2 \cdot f),$$
$$J_y{}' > J_y.$$

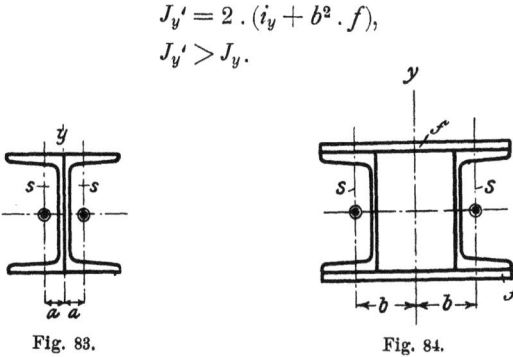

Fig. 83. Fig. 84.

Dreieck. Trägheitsmoment, bezogen auf die Schwerachse $0-0$ des Rechtecks:

$$i = \frac{1}{2} \cdot \frac{b \cdot h^3}{12} = \frac{b \cdot h^3}{24}.$$

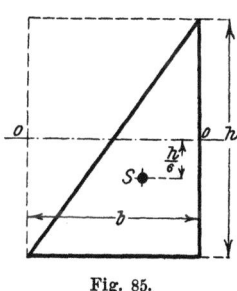
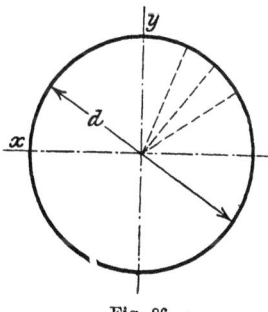

Fig. 85. Fig. 86.

Trägheitsmoment, bezogen auf die Schwerachse des Dreiecks:

$$J = i - \frac{h^2}{36} \cdot \frac{b \cdot h}{2},$$

$$J = \frac{b \cdot h^3}{36}.$$

Trägheitsmoment bezogen auf die **Spitze des Dreiecks**:

$$J_s = \frac{b \cdot h^3}{36} + \frac{4}{9} \cdot h^2 \cdot \frac{b \cdot h}{2},$$

$$J_s = \frac{b \cdot h^3}{4}.$$

Kreis. Der Kreis ist gleich der Summe einzelner Dreiecke (Sektoren), die alle die gleiche Höhe $h = \frac{d}{2}$ und zusammen die Grundlinie $b = \pi \cdot d$ (Kreisumfang) besitzen.

Trägheitsmoment des Kreises, bezogen auf dessen **Mittelpunkt**:

$$J_p = \frac{\pi \cdot d^4}{32}.$$

J_p ist das **polare Trägheitsmoment**[1]) des Kreises.

Für den Kreisquerschnitt sind die äquatorialen Trägheitsmomente, bezogen auf irgendwelche Durchmesser, unter sich gleich:

$$J_x = J_y = J,$$
$$2\,J = J_p,$$

nach S. 69.

Äquatoriales Trägheitsmoment des Kreises:

$$J = \frac{\pi \cdot d^4}{64}.$$

Das auf einen Durchmesser bezogene äquatoriale Widerstandsmoment des Kreisquerschnittes ist:

$$W = \frac{J}{\frac{d}{2}},$$

$$W = \frac{\pi \cdot d^3}{32} = \sim 0{,}1\,d^3.$$

C. Freiträger mit gleichmäßig verteilter Last.

Beispiel. Tragzapfen mit Lastübertragung durch Lagerschale.

Die Resultierende aller gegebenen Einzelkräfte greift in der Zapfenmitte an. Also ist das den gefährlichen Querschnitt beanspruchende Moment:

$$M = Q \cdot \frac{l}{2}.$$

---

[1]) Siehe Drehungsfestigkeit.

Biegungsfestigkeit. 59

Die Zapfenstärke wird berechnet aus der Formel:

$$Q \cdot \frac{l}{2} = W \cdot k_b,$$
$$= \frac{\pi \cdot d^3}{32} \cdot k_b,$$
$$= \sim 0{,}1 \cdot d^3 \cdot k_b.$$

Bei einem umlaufenden Tragzapfen wechselt das Biegungsmoment die Richtung. Belastungsfall *c*.

Beispiel. Ein Kurbelzapfen (Fig. 87)

$l = 95$ mm,
$d = 75$ mm

ist mit

$S = 4100$ kg

belastet.

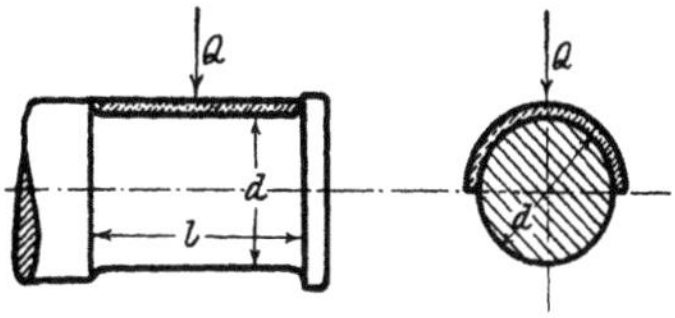

Fig. 87.

$$M = S \cdot \frac{l}{2} = \frac{4100 \cdot 9{,}5}{2} = 19500 \text{ cmkg.}$$

Widerstandsmoment:

$$W = \frac{\pi \cdot d^3}{32} = \sim 0{,}1 \cdot d^3 = 42{,}18 \text{ cm}^3,$$
$$M = W \cdot k_b.$$

Die hervorgerufene Biegungsbeanspruchung ist:

$$k_b = \frac{19500}{42{,}18} = \sim 462 \text{ kg/qcm.}$$

Das auf den Kurbelzapfen wirkende Biegungsmoment ändert sich der Größe und der Richtung nach.

Zeichnerische Darstellung der Biegungsmomente an einem gleichmäßig belasteten Freiträger (Fig. 88a, 88b).

Das größte hervorgerufene Biegungsmoment

$$M = Q \cdot \frac{l}{2}$$

wird in einem beliebigen Maßstabe unter dem gefährlichen Querschnitt aufgetragen. Die Strecken $0-S$ und $0-3$ werden in die gleiche Anzahl gleicher Teile geteilt. S ist der Scheitel einer Parabel. Parabelpunkte werden erhalten als Schnittpunkte der

60 Festigkeitslehre.

Strahlen $S-1$, $S-2$ mit den entsprechenden Senkrechten durch $1'$, $2'$ usw.

Das Biegungsmoment M_x in irgend einem Querschnitt F_x wird erhalten durch die unter diesem Querschnitt in der Momentenfläche gezogene Senkrechte.

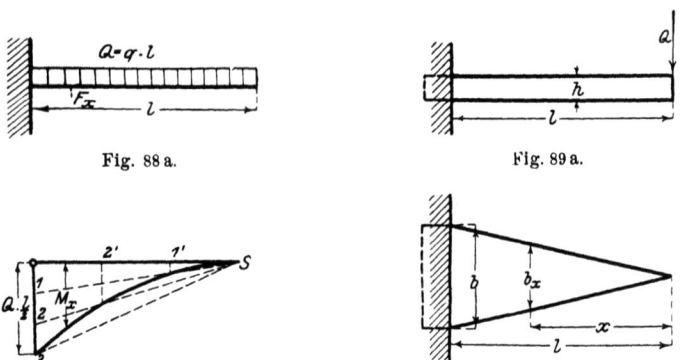

Fig. 88 a.　　　　　　　　　Fig. 89 a.

Fig. 88 b.　　　　　　　　　Fig. 89 b. Grundriß.

D. Träger gleicher Festigkeit.
(Fig. 89 u. 90.)

Ein an seinem Ende belasteter Freiträger, der an der Einspannungsstelle aus Festigkeitsrücksichten den Querschnitt $b \cdot h$ besitzt, wäre bei den gleichen Maßen in den übrigen Querschnitten unnötig stark. Er kann dort also schwächer gehalten werden.

1. **Annahme**: Der Freiträger soll bei rechteckigem Querschnitt überall die gleiche Höhe erhalten.

$$M = Q \cdot l = \frac{b \cdot h^2}{6} \cdot k_b,$$

$$M_x = Q \cdot x = \frac{b_x \cdot h^2}{6} \cdot k_b,$$

$$\frac{M}{M_x} = \frac{b}{b_x} = \frac{l}{x},$$

d. h. der Träger muß im Grundriß Dreiecksform erhalten.

2. **Annahme**: Der Freiträger soll bei rechteckigem Querschnitt überall die gleiche Breite b erhalten:

Biegungsfestigkeit.

$$M = Q \cdot l = \frac{b \cdot h^2}{6} \cdot k_b,$$

$$M_x = Q \cdot x = \frac{b \cdot h_x^2}{6} \cdot k_b,$$

$$\frac{M}{M_x} = \frac{l}{x} = \frac{h^2}{h_x^2},$$

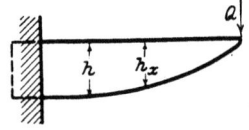

Fig. 90 a.

d. h. der Träger muß in der Ansicht nach einer Parabel begrenzt sein. Praktisch wird die Parabel angenähert.

Beispiel. Rippe an Konsole.

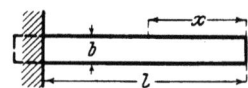

Fig. 90 b.

E. Träger auf zwei Stützen.

a) Mit einer Einzellast: Träger mit einrädriger Laufkatze. Stützdrücke:

$$A = Q \cdot \frac{b}{l},$$

$$B = Q \cdot \frac{a}{l}.$$

Das größte Moment wirkt im Querschnitt über oder unter der Last:[1]

$$M_Q = A \cdot a = B \cdot b.$$

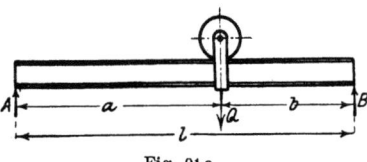

Fig. 91 a.

Bei der Laststellung in der Trägermitte liegt hier der gefährliche Querschnitt. Das größte Moment ist:

$$M = A \cdot \frac{l}{2} = B \cdot \frac{l}{2} = \frac{Q \cdot l}{4}.$$

Beispiel. $Q = 2000$ kg auf ⊥-Träger von Spannweite $l = 4$ m. Bei der auf der Trägermitte stehenden Last ist:

$$M = \frac{2000 \cdot 400}{4} = 200\,000 \text{ cmkg}.$$

---

[1] Siehe auch S. 62.

Angenommen: $k_b = 600$ kg/qcm.
Erforderlich:
$$W = \frac{M}{k_b} = \frac{200\,000}{600} = 334 \text{ cm}^3,$$

gewählt:
$N.P.24$ mit $W = 353$ cm³.

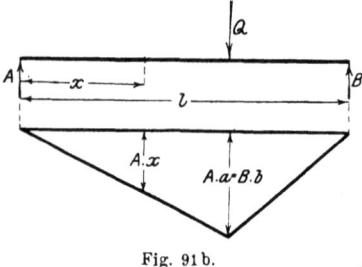

Fig. 91 b.

Zeichnerische Darstellung der Momente.

Die Momente sind in der Momentenfläche *I, II, III* dargestellt durch die Senkrechten unter den Querschnitten, z. B. $A \cdot x$.

b) Träger auf zwei Stützen mit mehreren Einzellasten.
Beispiel. Vorgelege mit drei Riemscheiben. Die Riemenzüge sind sämtlich nach derselben Richtung, schräge nach unten, wirkend angenommen. Drehungsbeanspruchung (siehe S. 66) ist hier vernachlässigt.

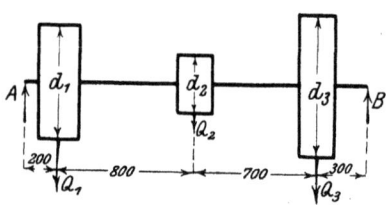

Fig. 92 a.

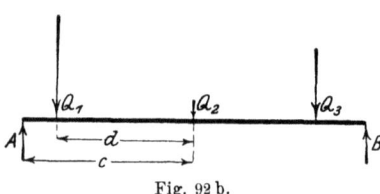

Fig. 92 b.

Das in irgend einem Querschnitt, z. B. an der Angriffsstelle von Q_2, hervorgerufene Biegungsmoment ergibt sich folgendermaßen:

„Man denkt sich eine Seite, z. B. die rechte des Balkens, bis zu dem betrachteten Querschnitt eingespannt und betrachtet die Momente an den freien Balkenende" (Fig. 92 c).

Im vorliegenden Falle ist das um den Punkt O biegende Moment:
$$M = A \cdot c - Q_1 \cdot d.$$

Bestimmung des Stützdruckes A siehe Statisches Moment S. 14.
Bestimmung des gefährlichen Querschnitttes (Fig. 92 d).
Die Summe aller auf der einen Balkenseite, von irgend einem Quer-

Biegungsfestigkeit.

schnitt aus gerechnet, wirkenden Kräfte heißt die **Querkraft** in bezug auf diesen Querschnitt. Im vorliegenden Falle hat links von dem Querschnitt O die Querkraft die Größe
$$A - Q_1.$$
Rechts von O ist die Querkraft
$$A - Q_1 - Q_2.$$

Die Querkraft sucht im betrachteten Querschnitte den linken Balkenteil von dem rechten abzuscheren.

Derjenige Querschnitt, in dem die Querkraft 0 wird oder von + nach — übergeht, d. h. statt nach aufwärts beginnt, nach abwärts zu wirken, ist der gefährliche Querschnitt. Hier wirkt das größte Biegungsmoment. Im Beispiel ist das der Fall unter Q_2. (In F_1 und F_2 sind die Querkräfte der Größe und Richtung nach eingezeichnet, wie sie aus dem linken Trägerteil ermittelt sind.)

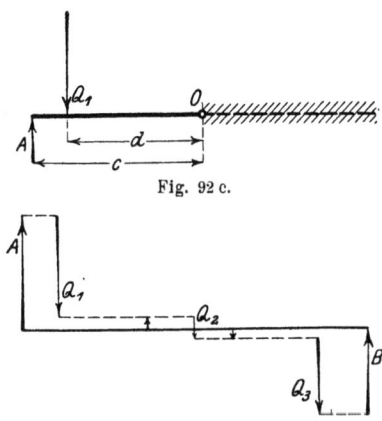

Fig. 92 c.

Fig. 92 d.

Die Richtung der Querkraft ergibt sich entgegengesetzt, je nachdem, ob die Ermittelung von dem linken oder von dem rechten Balkenende begonnen wird. Die erhaltenen Kräfte sind an irgend einem Querschnitt als Kraft und Gegenkraft entgegengesetzt gleich.

Beispiel. Ein Vorgelege ist mit der Stützweite $l = 2$ m gelagert. Es trägt die in der Fig. 92 a angedeuteten Riemscheiben, an denen die Riemenzüge
$$Q_1 = 180 \text{ kg},$$
$$Q_2 = 36 \text{ ,,}$$
$$Q_3 = 130 \text{ ,,}$$
wirken.

Das rechte Auflager wird als Drehpunkt genommen. Dann ist
$$A \cdot 2 = Q_1 \cdot 1{,}8 + Q_2 \cdot 1 + Q_3 \cdot 0{,}3,$$
$$A = \frac{324 + 36 + 39}{2} = 199{,}5 \text{ kg},$$
$$B = Q_1 + Q_2 + Q_3 - A = 146{,}5 \text{ kg}.$$

Die Querkraft ist links von Q_2

$$\mathfrak{Q}_1 = A - Q_1 = +19{,}5 \text{ kg}.$$

Querkraft rechts von Q_2 ist:

$$\mathfrak{Q}_2 = A - Q_1 - Q_2 = -16{,}5 \text{ kg}.$$

Also tritt am Angriffspunkt von Q_2 das größte Biegungsmoment auf:

$$M_b = A \cdot 100 - Q_1 \cdot 80 = 19\,950 - 14\,400,$$
$$M_b = 5550 \text{ cmkg},$$

gewählt $d = 50$ mm, $W = 12{,}5$ cm³. Dann ergibt sich eine reine Biegungsbeanspruchung:

$$k_b = \frac{5550}{12{,}5} = \sim 445 \text{ kg/qcm}.$$

Zeichnerische Darstellung der Biegungsmomente. (Fig. 92e und 92f.) Aus ähnlichen Dreiecken folgt:

$$\frac{x}{y} = \frac{H}{A}.$$

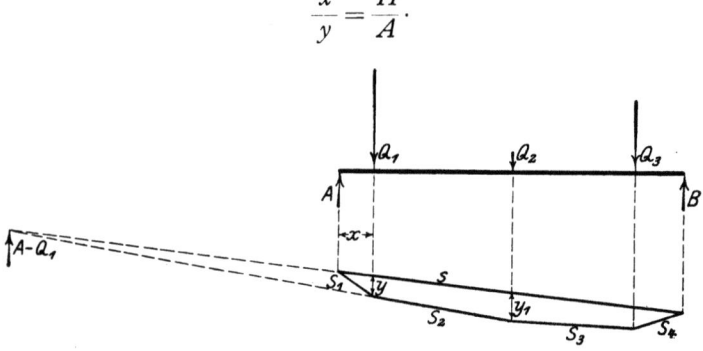

Fig. 92e.

Also ist:

$$A \cdot x = H \cdot y,$$

d. i. das Biegungsmoment für den Querschnitt unter Q_1.

H wird in dem angenommenen Längenmaßstab gemessen, z. B. $H = 0{,}9$ m, y wird in dem Kräftemaßstab gemessen, z. B. $y = 44{,}4$ kg.

Das gleiche Ergebnis erhält man, wenn H im Kräftemaßstabe und y im Längenmaßstabe gemessen wird.

Biegungsfestigkeit.

Der unter Q_2 liegende Querschnitt wird auf Biegung beansprucht durch die Mittelkraft von A und Q_1, d. h. durch die Kraft $A - Q_1$. Die Lage dieser Mittelkraft wird gefunden durch den Schnittpunkt von s und S_2. In diesem Schnittpunkt sind die 3 Kräfte $A - Q_1$, s und S_2 im Gleichgewicht, weil sie in der Polfigur ein geschlossenes Kräftedreieck bilden. Die in den einzelnen Querschnitten hervorgerufenen Biegungsmomente verhalten sich wie die entsprechenden Ordinaten y, y_1 usw. der Momentenfläche. $H \cdot y_1$ gibt das Biegungsmoment für den unter Q_2 gelegenen Querschnitt an.

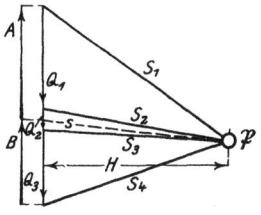

Fig. 92 f.

c) Träger auf 2 Stützen mit gleichmäßig verteilter Last.
Träger zwischen zwei Kappen, trägt von jeder Kappe die Hälfte.

$q = $ Belastung pro lfd. Meter.

Die ganze Trägerbelastung ist:

$$Q = q \cdot l.$$

Stützdrücke:

$$A = B = \frac{Q}{2}.$$

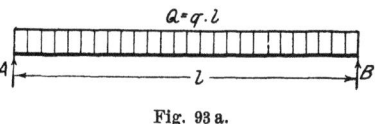

Fig. 93 a.

Moment in der Trägermitte:[1)]

$$M_m = A \cdot \frac{l}{2} - q \cdot \frac{l}{2} \cdot \frac{l}{4},$$

$$M_m = \frac{Q \cdot l}{8}.$$

Der gefährliche Querschnitt liegt in der Trägermitte.

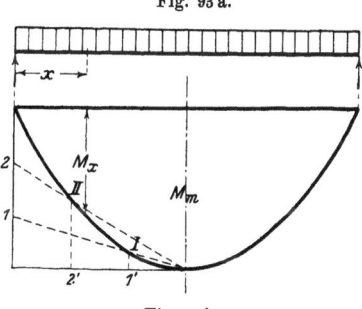

Fig. 93 b.

Beispiel. $^1/_2$ St. starke gewölbte Decke zwischen $\underline{\text{I}}$-Trägern. 1,5 m Spannweite der gewölbten Kappen. $l = 4$ m Trägerlänge. Gewicht von Kappe + Nutzlast 600 kg/qm. Also Gesamtbelastung eines Trägers $Q = 6 \cdot 600 = 3600$ kg.

[1)] Siehe S. 62.

Vogdt, Mechanik.

$$M_m = \frac{3600 \cdot 400}{8} = 180\,000 \text{ cmkg}.$$

Zugelassen für Flußeisen:
$$k_b = 800 \text{ kg/qcm}.$$

Erforderlich:
$$W_x = \frac{180\,000}{800} = 225 \text{ cm}^3.$$

Gewählt:
$$N.P.\,21 \text{ mit } W_x = 244 \text{ cm}^3.$$

Zeichnerische Darstellung der Biegungsmomente am gleichmäßig belasteten Träger auf zwei Stützen[1]) (Fig. 93b). M_m wird berechnet und in einem beliebigen Maßstabe, z. B. 1 mm = 86 mkg aufgetragen. S ist der Scheitel einer Parabel. Senkrechte und wagerechte Hilfslinien werden durch 1, 2 resp. 1', 2' in gleich viele Teile gleichmäßig geteilt. Strahlen S—1, S—2 mit den Loten 1'—I, 2'—II zum Schnitt gebracht. I und II sind Parabelpunkte. M_x gibt in dem gewählten Maßstabe die Größe des Biegungsmomentes an, welches in dem um x vom Auflager entfernten Querschnitt durch die gleichmäßige Belastung hervorgerufen wird.

5. Drehungsfestigkeit.

Berechnung einer Welle für die Übertragung eines bestimmten Drehmomentes.

Die in der Fig. 94 gegebene Welle wird durch die Scheibe I angetrieben und überträgt die Drehung auf die Scheibe II. Hierbei

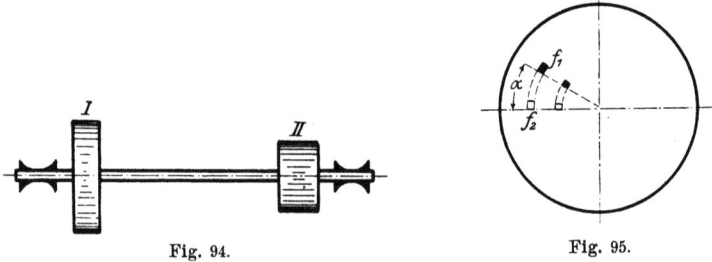

Fig. 94.   Fig. 95.

werden zwei beliebige benachbarte Querschnitte gegeneinander verdreht, so daß ein Flächenstückchen f_1 des einen Querschnittes, das

---

[1]) Siehe auch Freiträger mit gleichmäßig verteilter Last. S. 60.

Drehungsfestigkeit. 67

ursprünglich dem Flächenstückchen f_2 des anderen Querschnittes benachbart war, nachher einen Winkel α mit diesem einschließt. Je weiter die Flächenstückchen von der Drehachse entfernt angenommen werden, um so größer ist ihre gegenseitige Verschiebung. Je größer diese Verschiebung, je größer also die Verlängerung der sie verbindenden Materialfasern, um so größer ist die in diesen hervorgerufene Spannung (umgerechnet auf 1 qcm). Die größte Spannung, die nicht größer werden darf als die zulässige, tritt also am äußeren Umfange in der Entfernung r von der Achse auf.

Es bedeutet k_t die zulässige Drehungsbeanspruchung. Dann ist die Beanspruchung in der Entfernung 1:

$$\frac{k_t}{r}.$$

Die innere Kraft, welche auf ein in der Entfernung r_1 von der Drehachse gelegenes Flächenstückchen f ausgeübt wird, ist demnach:

$$\frac{k_t}{r} \cdot r_1 \cdot f.$$

Diese Kraft wirkt an dem Hebelarm r_1 und widersteht demnach der Verdrehung mit dem Moment:

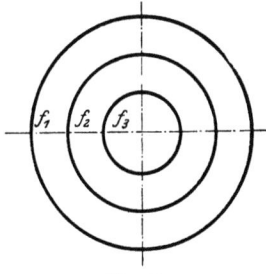

Fig. 96.

$$\frac{k_t}{r} \cdot r_1^2 \cdot f.$$

Der ganze Querschnitt wird nach Fig. 96 aus z. B. drei Flächenteilen f_1, f_2, f_3 zusammengesetzt gedacht. Die drei Momente der auf diese Teile wirkenden inneren Kräfte halten zusammen dem Moment M der äußeren Kraft das Gleichgewicht:

$$M = \frac{k_t}{r} \cdot (r_1^2 \cdot f_1 + r_2^2 \cdot f_2 + r_3^2 \cdot f_3).$$

Der in der Klammer stehende Wert heißt das polare Trägheitsmoment J_p des Querschnittes.
Benennung: cm⁴.

$$\frac{J_p}{r} = W_p$$

ist das polare Widerstandsmoment des Querschnittes.

5*

Benennung: cm³.
Es ergibt sich das drehende Moment:

$$M = W_p \cdot k_t.$$

Für den Kreisquerschnitt[1]) gilt:

$$J_p = \frac{\pi \cdot d^4}{32},$$

$$W_p = \frac{\pi \cdot d^3}{16} = \sim 0{,}2 \cdot d^3.$$

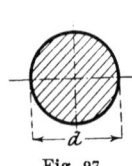

Fig. 97.

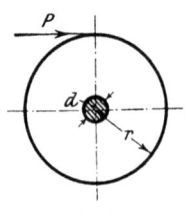

Fig. 98.

Berechnung einer Welle für die Übertragung einer bestimmten Anzahl PS.[2])

Das zu übertragende Moment in Meter-Kilogramm ist:

$$M = P \cdot r,$$

In cmkg: $100 \cdot P \cdot r = 0{,}2 \cdot d^3 \cdot k_t,$

$$\frac{100 \cdot P \cdot r \cdot 2 \cdot \pi n}{60 \cdot 75} = 100 \cdot N = 0{,}2 \cdot d^3 \cdot k_t \cdot \frac{2 \cdot \pi n}{60 \cdot 75},$$

$$\frac{100 \cdot 60 \cdot 75}{2 \cdot \pi} \cdot \frac{N}{n} = 0{,}2 \cdot d^3 \cdot k_t.$$

$$\mathbf{71\,620 \cdot \frac{N}{n} = 0{,}2 \cdot d^3 \cdot k_t.}$$

$N =$ Anzahl der zu übertragenden P. S.
$n =$ Umgangszahl der Welle in 1 Minute.

Für die Übertragung einer gegebenen Leistung kann der Wellendurchmesser also um so kleiner sein, je schneller die Welle läuft.

---

[1]) Siehe Ableitung S. 58.
[2]) 1 PS. = 75 mkg in 1 sk. Siehe S. 94.

6. Zusammenhang zwischen polarem und äquatorialem Trägheitsmoment.

Das kleine Flächenstückchen f hat die äquatorialen Trägheitsmomente:

1. in bezug auf Achse X:
$$J_x = f \cdot y^2,$$

2. in bezug auf Achse Y:
$$J_y = f \cdot x^2.$$

Nach dem Pythagoraeischen Lehrsatze ist:
$$x^2 + y^2 = r^2,$$
$$f \cdot x^2 + f \cdot y^2 = f \cdot r^2,$$
$$J_x + J_y = J_p.$$

Das polare Trägheitsmoment eines Querschnittes ist gleich der Summe zweier äquatorialen Trägheitsmomente, deren Achsen aufeinander senkrecht stehen und sich im Pole schneiden. Der Satz gilt nicht nur für das kleine beliebige Flächenteilchen, sondern auch für den ganzen Querschnitt.

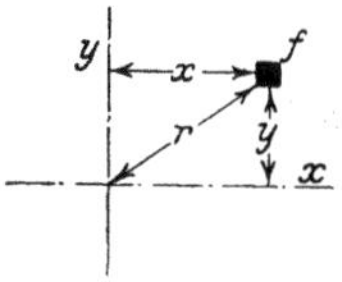

Fig. 99.

Beispiel. Ein Vorgelege soll bei $n = 300$ minutlichen Umdrehungen $N = 5$ PS. übertragen. Die Tabelle der B. A. M. A. G. gibt hierfür den erforderlichen Durchmesser $d = 45$ mm an; mit Rücksicht auf hinzukommende Biegung wird gewählt $d = 50$ mm.

Übertragene Umfangskraft $P = 60$ kg an Riemscheibe vom Durchmesser $D = 400$ mm. Drehendes Moment:

$$P \cdot \frac{D}{2} = 12 \text{ mkg}.$$

Die reine Drehungsbeanspruchung ist:

$$k_t = \frac{71620}{0,2 \cdot d^3} \cdot \frac{N}{n} = \frac{71620 \cdot 5}{0,2 \cdot 125 \cdot 300} = 48 \text{ kg/qcm}.$$

Hierzu kommt Biegungsbeanspruchung. Siehe Biegungsfestigkeit und zusammengesetzte Beanspruchung.

7. Knickfestigkeit.

Knickbeanspruchung tritt auf bei Stangen, die in der Achsenrichtung durch Kräfte belastet sind. Bei einer Kolbenstange z. B.

70 Festigkeitslehre.

wirkt an dem einen Ende der Dampfdruck P auf den Kolben und an dem anderen Ende der ebenso große[1]) vom Kreuzkopf ausgeübte Gegendruck. Unter dem Einfluß dieser Kräfte wird die Stange in der Mitte etwas ausweichen, wie in Fig. 100 b übertrieben angedeutet ist. In bezug auf den gefährlichen Querschnitt f wirkt demnach ein Biegungsmoment, das die Krümmung der Stange immer mehr zu vergrößern bestrebt ist. In den meisten Fällen der Knickbeanspruchung bei Maschinenteilen und Bauteilen nimmt man wie hier an, daß die Stangenenden sich etwas drehen und auf der ursprünglichen geraden Stangenachse sich einander nähern.

Dann wird gerechnet nach der Formel:

$$P = \frac{\pi^2 \cdot E \cdot J}{m \cdot l^2}.$$

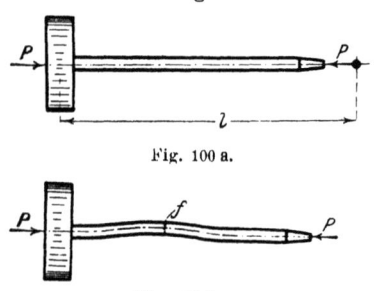

Fig. 100 a.

Fig. 100 b.

Hierin bedeuten:

E das Elastizitätsmaß des Materiales,

J das kleinste äquatoriale Trägheitsmoment der gedrückten Stange in cm^4,

l die Stange in cm,[2])

m den Sicherheitskoeffizienten.

Beispiel. Auf einen Kolben wirkt die Kraft $P = 4000$ kg. Die Länge der Kolbenstange ist $l = 100$ cm. Das Material der Stange ist Flußstahl. Dem entspricht $E = 2200000$. $m = 20$.

$$4000 = \frac{\pi^2 \cdot E \cdot J}{m \cdot l^2} = \frac{10 \cdot 2200000 \cdot J}{20 \cdot 10000},$$

$$J = \frac{\pi \cdot d^4}{64} = 36{,}4 \text{ cm}^4,$$

$$d = \sim 52 \text{ mm}.$$

Zusammengesetzte Festigkeit.

8. Druck (Zug) und Biegung.

Ein quadratischer Mauerpfeiler vom Gewicht Q ruft in der Fundamentfläche die Druckbeanspruchung

---

[1]) Die zu der Beschleunigung, S. 87 und 89, des Kolbens erforderliche Kraft ist hier nicht berücksichtigt.

[2]) Bei Kolbenstangen gerechnet von Mitte Kolben bis Mitte Kreuzkopfzapfen.

Druck (Zug) und Biegung. 71

$$k_d = \frac{Q}{F}$$

hervor.

Der den Pfeiler seitlich treffende Winddruck W sucht ihn um die Kante $\mathfrak{K}$ zu kippen mit dem Moment

$$M = W \cdot b.$$

Die hervorgerufene Biegungsbeanspruchung (Zug oder Druck) ist

$$k_b = \frac{M}{W}.$$

W ist das äquatoriale, auf die Schwerachse s bezogene Widerstandsmoment der Fundamentfläche.
Falls

$$k_b < k_d,$$

so ist die hervorgerufene Gesamtbeanspruchung

$$k = k_d \pm k_b = \frac{Q}{F} \pm \frac{M}{W}$$

überall in der Fundamentfläche Druckbeanspruchung.

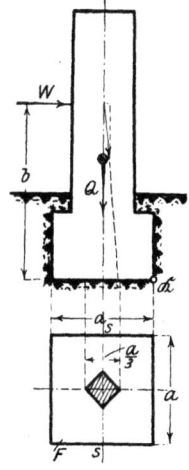

Fig. 101.

Die beiden Kräfte W und Q werden bis zu ihrem Schnittpunkte verschoben und dort zu der Mittelkraft R zusammengesetzt. Schneidet die Wirkungslinie von R die Fundamentfläche innerhalb der schraffiert angegebenen Fläche, die den Kern des Quadrates angibt, so werden in F nur Druckbeanspruchungen hervorgerufen. Schnitte die Wirkungslinie von R die Fundamentfläche dagegen außerhalb des Kernes, so würden in der Fundamentfläche auch Zugspannungen (in der Fig. 101 auf der linken Seite) hervorgerufen werden. Zugspannungen können hier aber nicht übertragen werden. R muß daher das Fundament im mittleren Drittel der Fundamentbreite schneiden.

Beispiel. Die oberste Trommel eines Fabrikschornsteines hat $h = 15$ m Höhe. Der mittlere Außendurchmesser ist

$$D = 3{,}02 \text{ m},$$

der mittlere lichte Durchmesser ist

$$d = 2{,}52 \text{ m}.$$

Bei einem spezifischen Gewicht $\gamma = 1{,}8$ beträgt das Gesamtgewicht der Trommel

$$Q = 58870 \text{ kg}.$$

In dem untersten Querschnitt

$$F = 23954{,}7 \text{ qcm}$$

der Trommel wird durch das Eigengewicht die Druckbeanspruchung

$$k_d = \frac{58870}{23954{,}8} = \sim 2{,}45 \text{ kg/qcm}$$

hervorgerufen.

Die vom Wind getroffene Projektion (Trapez) der Schornsteintrommel hat die Fläche

$$f = 45{,}3 \text{ qm}.$$

Als größter Winddruck pro 1 qm einer senkrecht zum Winde stehenden Fläche wird gerechnet:

$$\mathfrak{W} = 150 \text{ kg}.$$

Wegen der Kegelgestalt der Schornsteintrommel wird ein teilweises seitliches Abgleiten des Windes angenommen, so daß auf 1 qm Projektion der Schornsteintrommel wirkt der Winddruck:

$$\mathfrak{W}_s = 0{,}67 \cdot \mathfrak{W} = \sim 100 \text{ kg}.$$

Auf die ganze Schornsteintrommel wirkt der Winddruck

$$\mathfrak{W}_s \cdot f = 4530 \text{ kg}.$$

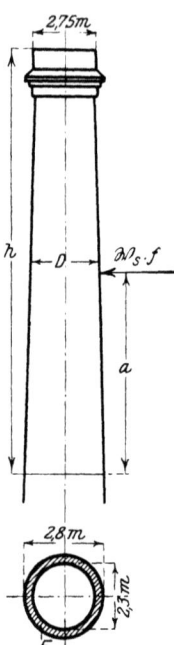

Fig. 102.

Dieser greift im Schwerpunkt der trapezförmigen Aufrißprojektion der Schornsteintrommel an und wirkt in bezug auf die Fläche F an dem Hebelarm:

$$a = 7{,}28 \text{ m}.$$

Das Moment des Winddruckes ist

$$M = 4530 \cdot 7{,}28 = 33000 \text{ mkg}.$$

Das Widerstandsmoment der Fläche F, bezogen auf eine Schwerachse, ist:

$$W = \frac{\frac{\pi}{64} \cdot (d_1{}^4 - d_2{}^4)}{\frac{d_1}{2}} = 1\,700\,000 \text{ cm}^3,$$

$$d_1 = 330 \text{ cm},$$
$$d_2 = 280 \text{ cm}.$$

Die größten in F durch den Wind hervorgerufenen Biegungsbeanspruchungen sind daher:

$$k_b = \frac{M}{W} = \frac{3\,300\,000}{1\,700\,000} = 1{,}94 \text{ kg/qcm}.$$

k_b bedeutet auf der dem Winde zugewandten Seite Zugbeanspruchung, auf der dem Winde abgewandten Seite Druckbeanspruchung.

Die größte, durch Eigengewicht und Winddruck hervorgerufene Gesamtbeanspruchung ist:

$k = k_d + k_b = 2{,}45 + 1{,}94 = 4{,}39$ kg/qcm Druckbeanspruchung.

Die kleinste Gesamtbeanspruchung ist:

$k = k_d - k_b = 2{,}45 - 1{,}94 = 0{,}51$ kg/qcm Druckbeanspruchung.

Die Rechnung gibt nur eine Annäherung, weil in Wirklichkeit das Hookesche Gesetz, das der Rechnung zugrunde liegt, hier nur annähernd gilt.

Wenn für einen anderen Schornsteinquerschnitt die Biegungsbeanspruchung sich größer ergibt als die reine Druckbeanspruchung, so gestaltet sich die Rechnung weniger einfach.

9. Biegung und Drehung.[1])

Das wirksame Biegungsmoment M_b und das Drehmoment M_d werden zu einem Dreh-Biege-Moment M_i zusammengesetzt nach der für den Kreisquerschnitt gültigen Formel:

$$M_i = \frac{3}{8} \cdot M_b + \frac{5}{8} \sqrt{M_b{}^2 + M_d{}^2}.$$

Handkurbel.

Drehendes Moment:
$$M_d = K \cdot a.$$

---

[1]) Siehe Beispiele zu Biegungsfestigkeit und Drehungsfestigkeit.

Biegendes Moment:
$$M_b = K \cdot b.$$
Dreh-Biege-Moment angenähert:
$$M_i = K \cdot c.$$

Beispiel. An einem Vorgelege wirken:

$M_b = 5550$ cmkg,
$M_d = 1200$ cmkg,

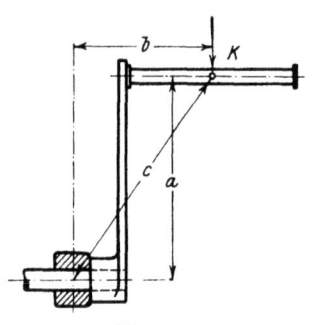

Fig. 103.

$$M_i = \frac{3}{8} \cdot 5550 + \frac{5}{8} \sqrt{5550^2 + 1200^2},$$

$M_i = 5640$ cmkg,
$k_b = 500$ kg/qcm.

Erforderlich:

$$W = \frac{5640}{500} = 11{,}3 = 0{,}1 \cdot d^3.$$

Wellendurchmesser:

$d = 48{,}3 = \sim 50$ mm.

10. Träger mit gekrümmter Achse.

Bei einem Träger mit gekrümmter Achse liegen zwei benachbarte Querschnitte, die beide senkrecht zur Stabachse gedacht sind, **nicht parallel zueinander**. Es sind also die einzelnen Materialfasern, welche die beiden gedachten Querschnitte miteinander verbinden, z. B. die äußersten l_a und l_i, **von verschiedener Länge**. Die Zugkraft Q, die gleichmäßig über den Querschnitt verteilt wirkt, ruft demnach in den einzelnen Verbindungsfasern der beiden Querschnitte verschiedene Verlängerungen hervor, d. h. die **Querschnitte drehen sich gegeneinander infolge der Zugbelastung Q**. Wirkt an dem Träger außerdem ein Biegungsmoment, so ruft auch dieses eine gegenseitige Drehung zweier benachbarter Querschnitte hervor. Weil also die Verlängerungen und Verkürzungen der Fasern nach anderen Gesetzen erfolgen als bei geraden Körpern, die gleichzeitig auf Zug (oder Druck) und Biegung beansprucht werden, so sind die für gerade Körper gültigen Formeln für Stäbe mit gekrümmter Achse nicht gültig.

Träger mit gekrümmter Achse. 75

Bei einem Lasthaken übt die angehangene Last Q an dem gefährlichen Querschnitt F eine Zugkraft Q aus, der von dem Materialwiderstand durch eine gleich große, nach oben gerichtete Kraft Q das Gleichgewicht gehalten wird. Die in dem Querschnittschwerpunkt S nach abwärts wirkende Kraft Q dreht den gefährlichen Querschnitt F gegen die Drehungsrichtung des Uhrzeigers um den Krümmungsmittelpunkt O des Hakens.

Das biegende Moment $Q \cdot r$ ist hier bestrebt, den Haken aufzubiegen; es dreht den Querschnitt F in der Richtung der Uhrzeiger-Drehung. Da die Wirkungslinie der Last Q durch den Krümmungsmittelpunkt O geht, ist die Rückdrehung des Querschnittes F infolge des Biegungsmomentes derart, daß der Schwerpunkt S seine ursprüngliche Lage, wie im unbelasteten Haken, behält. Der Querschnitt F geht demnach infolge der zusammengesetzten Beanspruchung durch Zug und Biegung in die gestrichelt in der Fig. 101 angedeutete Lage über. In der durch S gehenden senkrecht zur Zeichenebene stehenden Faser ist demnach keine Spannung.[1]

Die in der äußersten Faser hervorgerufene Randspannung[2] ist:

$$k_a = \frac{Q}{F} - \frac{M}{W}(1 - m_a),$$

die in der innersten Faser hervorgerufene Spannung ist:

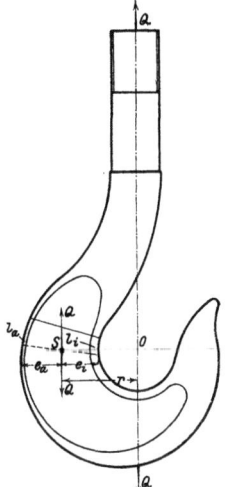

Fig. 104.

$$k_i = \frac{Q}{F} + \frac{M}{W}(1 + m_i),$$

hierin sind m_a und m_i Zahlenwerte, die beide < 1 und aus der Hakenform und dem Querschnitt zu berechnen sind.

Für das gleichschenklige Trapez auch mit Abrundungen:

---

[1] Bach, Elastizität und Festigkeit S. 490.
[2] Nach Pfleiderer, Z. Ver. deutsch. Ing. 1907, S. 1507.

76   Festigkeitslehre.

$$m_a = \frac{0{,}6\,\frac{e_a}{e_i} - 0{,}14}{\frac{r}{e_i} + \left(\frac{e_a}{e_i} - 1\right) \cdot \left(13 - 4\,\frac{e_a}{e_i}\right) \cdot 0{,}16},$$

$$m_i = \frac{0{,}2\,\frac{e_a}{e_i} + 0{,}3}{\frac{r}{e_i} - 0{,}9 + 0{,}06\,\frac{e_a}{e_i}}.$$

k_i ergibt sich aus den obigen Formeln zahlenmäßig größer als für einen graden Stab von demselben Querschnitt, der in der gleichen Weise belastet wäre.

Beispiel. **Hakenquerschnitt.** A ist Angriffspunkt der Last. $Q = 3000$ kg. Querschnitt zusammengesetzt aus Trapez, einer oberen halben Ellipse und einer unteren halben Ellipse.

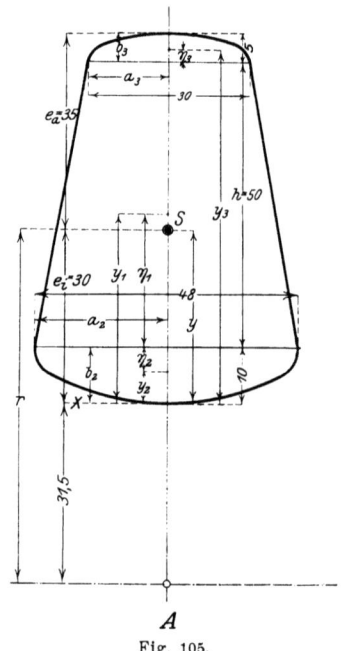

Fig. 105.

Fläche des Trapezes:

$$f_1 = \frac{h}{2} \cdot (2\,a_2 + 2\,a_3) = \frac{5}{2} \cdot (4{,}8 + 3) = 19{,}5 \text{ qcm}.$$

Träger mit gekrümmter Achse. 77

Fläche der unteren Halb-Ellipse:
$$f_2 = \frac{\pi}{2} \cdot a_2 \cdot b_2 = 1{,}57 \cdot 2{,}4 \cdot 1 = 3{,}76 \text{ qcm}.$$

Fläche der oberen Halb-Ellipse:
$$f_3 = \frac{\pi}{2} \cdot a_3 \cdot b_3 = 1{,}57 \cdot 1{,}5 \cdot 0{,}5 = 1{,}18 \text{ qcm}.$$

Fläche des ganzen Hakenquerschnittes:
$$F = f_1 + f_2 + f_3 = 24{,}44 \text{ qcm}.$$

Schwerpunktsbestimmung.
Trapez:
$$\eta_1 = \frac{h}{3} \cdot \frac{2a_2 + 4a_3}{2a_2 + 2a_3} = \frac{5}{3} \cdot \frac{4{,}8 + 6}{4{,}8 + 3} = 2{,}3 \text{ cm}.$$

Untere Halb-Ellipse:
$$\eta_2 = \frac{4 \cdot b_2}{3 \cdot \pi} = \frac{4 \cdot 1}{3 \cdot 3{,}14} = 0{,}42 \text{ cm}.$$

Obere Halb-Ellipse:
$$\eta_3 = \frac{4 \cdot b_3}{3 \cdot \pi} = \frac{4 \cdot 0{,}5}{3 \cdot 3{,}14} = 0{,}21 \text{ cm}.$$

Der Schwerpunkt S einer Halb-Ellipse fällt zusammen mit demjenigen eines Halbkreises, dessen Radius hier gleich ist der kleinen Halbachse der Ellipse.

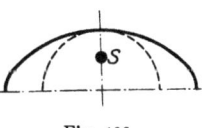

Fig. 106.

Abstände der Einzelschwerpunkte von der X-Achse:

Trapez	Untere Halb-Ellipse	Obere Halb-Ellipse
$y_1 = 3{,}3$ cm	$y_2 = 0{,}58$ cm	$y_3 = 6{,}21$ cm

Abstand des Gesamtschwerpunktes:
$$y = \frac{3{,}3 \cdot 19{,}5 + 0{,}58 \cdot 3{,}76 + 6{,}21 \cdot 1{,}18}{24{,}44} = \sim 3 \text{ cm}.$$

Trägheitsmomente.
Trapez,
bezogen auf eigene Schwerachse:
$$J = \frac{6 \cdot (2a_3)^2 + 6 \cdot 2a_3 \cdot 2 \cdot (a_2 - a_3) + (2a_2 - 2a_3)^2}{36 \cdot (4a_3 + 2a_2 - 2a_3)} \cdot h^3,$$

$$J = \frac{6 \cdot 3^2 + 6 \cdot 3 \cdot 1{,}8 + 1{,}8^2}{36 \cdot (2 \cdot 3 + 1{,}8)} \cdot 5^3 = 40 \text{ cm}^4,$$

bezogen auf die durch S gehende Achse:

$$J_1' = J + 0{,}3^2 \cdot 19{,}5 = 41{,}75 \text{ cm}^4.$$

Obere Halb-Ellipse,
bezogen auf die Achse a_3:

$$i' = \frac{\pi}{8} \cdot a_3 \cdot b_3^3 = 0{,}073 \text{ cm}^4,$$

bezogen auf die eigene Schwerachse:

$$i = i' - \eta_3^2 \cdot f_3 = 0{,}02 \text{ cm}^4,$$

bezogen auf die durch S gehende Achse:

$$J_3' = i + 3{,}21^2 \cdot 1{,}18 = 12{,}17 \text{ cm}^4.$$

Untere Halb-Ellipse,
bezogen auf die Achse a_2:

$$i' = \frac{\pi}{8} \cdot a_2 \cdot b_2^3 = 0{,}94 \text{ cm}^4,$$

bezogen auf die eigene Schwerachse:

$$i = i' - \eta_2^2 \cdot f_2 = 0{,}26 \text{ cm}^4,$$

bezogen auf die durch S gehende Achse:

$$J_2' = i + 2{,}42^2 \cdot 3{,}76 = 22{,}26 \text{ cm}^4.$$

Trägheitsmoment des ganzen Querschnittes, bezogen auf die durch S gehende Achse:

$$J = J_1' + J_2' + J_3' = 76{,}18 \text{ cm}^4.$$

Abstände der äußersten Fasern des Hakenquerschnittes von der durch S gehenden Schwerachse:

$$e_i = 30 \text{ mm},$$
$$e_a = 35 \text{ mm}.$$

Die gesamte Beanspruchung außen am Hakenrücken wird berechnet nach der Formel:

$$k_a = \frac{Q}{F} - \frac{M \cdot e_a}{J} \cdot (1 - m_a),$$

$$= \frac{3000}{24{,}44} - \frac{18\,500 \cdot 3{,}5}{76{,}18} \cdot (1 - 0{,}25),$$

$$= 123 - 637 = -514 \text{ kg/qcm Druckbeanspruchung}.$$

Die gesamte Beanspruchung innen am Hakenmaul wird berechnet:

$$k_i = \frac{Q}{F} + \frac{M \cdot e_i}{J} \cdot (1 + m_i),$$

$$= \frac{3000}{24{,}44} + \frac{18500 \cdot 3}{76{,}18} \cdot (1 + 0{,}43),$$

$$= 123 + 1040,$$

$$= 1163 \text{ kg/qcm Zugbeanspruchung};$$

nach der „Hütte" ist für vorzügliches zähes Schweißeisen noch zulässig die Zugbeanspruchung

$$k_z = 1200 \text{ kg/qcm}.$$

Bei der Berechnung des Hakens als eines **geraden** Stabes würden sich ergeben:

$$k_a = 123 - \frac{18500 \cdot 3{,}5}{76{,}18},$$

$$= 123 - 850 = -727 \text{ kg/qcm Druckbeanspruchung},$$

$$k_i = 123 + \frac{18500 \cdot 3}{76{,}18} = 850 \text{ kg/qcm Zugbeanspruchung}.$$

Bei Vernachlässigung der Krümmung würde sich also hier die größte Beanspruchung k_i im gefährlichen Querschnitt des Hakens um $\frac{1163 - 850}{1163} \cdot 100 = 27\,^0/_0$ zu klein ergeben.

11. Elastische Linie.

Die Kurve, welche die ursprünglich gerade Trägerachse unter dem Einfluß der biegenden Momente annimmt, heißt elastische Linie. Die elastische Linie ist um so stärker gekrümmt, je größer das biegende Moment. Für ein gegebenes Biegungsmoment ist die elastische Linie um so weniger gekrümmt, je fester das Material des Trägers, also je größer dessen Elastizitätszahl E und je größer das Trägheitsmoment des Trägers ist.

Der Krümmungshalbmesser der elastischen Linie an irgend einer Stelle ist der Halbmesser desjenigen Kreises, der sich an dieser Stelle der Kurve am besten anschmiegt. Je stärker die Krümmung der elastischen Linie ist, um so kleiner ist an dieser Stelle der Krümmungshalbmesser ϱ. Dieser ist zu berechnen nach der Formel:

$$\varrho = \frac{E \cdot J}{M}.$$

Für einen Freiträger ist der Krümmungshalbmesser der elastischen Linie am kleinsten an der Einspannungsstelle. Am freien Trägerende, an dem die Last angreift, ist die elastische Linie nicht gekrümmt, sondern gerade.

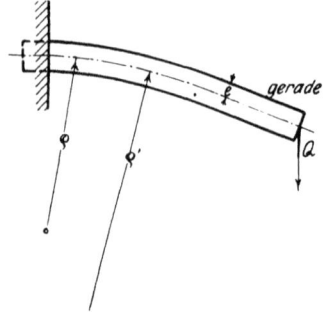

Fig. 107.

Es ist nämlich nach S. 46:
$$\frac{f}{l} = \frac{k_z}{E}.$$

Unter der Annahme, daß die radiale Verlängerung des Querschnittes nach deren Drehung durch den Krümmungsmittelpunkt geht, folgt nach Fig. 75:
$$\frac{f}{e} = \frac{l}{\varrho},$$
$$\frac{f}{l} = \frac{e}{\varrho}.$$

Es wird gesetzt:
$$k_z = k,$$

dann ist
$$\frac{k}{E} = \frac{e}{\varrho} = \frac{f}{l},$$
$$k = \frac{E \cdot e}{\varrho},$$

oder
$$\frac{k}{e} = \frac{E}{\varrho},$$
$$\frac{k}{e} \cdot J = k \ W = M = \frac{E \cdot J}{\varrho}$$

und
$$\varrho = \frac{E \cdot J}{M}.$$

12. Biegungsbeanspruchung für Bremsbänder, Drahtseile usw.

Aus dem bekannten Krümmungshalbmesser der elastischen Linie ist die hervorgerufene Biegungsbeanspruchung für Bremsbänder und Riemen zu berechnen aus der Formel:

Biegungsbeanspruchung für Bremsbänder, Drahtseile usw.

$$k_b = \frac{E \cdot e}{\varrho},$$

$$k_b = \sim \frac{E \cdot \delta}{D}.$$

Hierin bedeutet δ die Riemen- oder Banddicke oder bei Drahtseilen den Drahtdurchmesser. D ist der Scheibendurchmesser.

Beispiel. Bei einer Bandbremse[1]) ist die Stärke des Bremsbandes

$$\delta = 2 \text{ mm},$$

der Durchmesser der Bremsscheibe

$$D = 500 \text{ mm}.$$

Für das stählerne Bremsband ist

$$E = 2\,000\,000.$$

Also ist zu berechnen:

$$k_b = \frac{2\,000\,000 \cdot 0{,}2}{50} = 8000 \text{ kg/qcm}.$$

Nach Bach, „Elastizität und Festigkeitslehre" S. 422, nimmt bei dem Biegen des Bremsbandes um die Scheibe die Festigkeit des Materiales in der gekrümmten Strecke zu. Das Material erhält eine bleibende Krümmung.

Es ist anzunehmen, daß die wirklich hervorgerufene Biegungsbeanspruchung kleiner ist, als die oben berechnete. Doch werden durch das Umschlingen des Bandes in dessen gekrümmter Strecke sehr hohe Spannungen hervorgerufen.

Bei Drahtseilen ist die durch das Umlegen um die Scheibe hervorgerufene Biegungsspannung kleiner, als oben angegeben, weil Drähte und Litzen in Schraubenlinien verlaufen, deren Steigung sich ändern kann, und weil die Seele des Seiles zusammendrückbar ist. Es ist dann nach Bach zu rechnen nach der Formel:

$$k_b = \frac{3}{8} \cdot \frac{E \cdot \delta}{D}.$$

Die gesamte in einem Drahtseil wirkende Spannung ist für die Last Q:

$$k = \frac{Q}{i \cdot \dfrac{\pi \cdot \delta^2}{4}} + \frac{3}{8} \cdot \frac{E \cdot \delta}{D}.$$

i ist die Anzahl der Drähte im Seile.

---

[1]) Siehe Bandbremse S. 26.

III. Bewegungslehre.

Der in 1 sk von einem bewegten Körper zurückgelegte Weg heißt dessen Geschwindigkeit.[1])
Benennung: m/sk.

1. Gleichförmige Bewegung.

In gleichen Zeiten werden gleiche Wege zurückgelegt. Die Geschwindigkeit bleibt die gleiche. Mit der Geschwindigkeit v wird dann in t Sekunden der Weg

$$s = v \cdot t$$

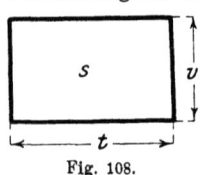
Fig. 108.

zurückgelegt. Dieser ist darzustellen durch den Inhalt eines Rechteckes, dessen Grundlinie die Zeit in einem beliebigen Maßstab, z. B. 1 mm = 2,72 sk, und dessen Höhe in einem anderen Maßstabe, z. B. 1 mm = 0,154 m/sk, die Geschwindigkeit bezeichnet. Dann bedeutet 1 qmm einen Weg von 0,42 m.

Beispiel. Ein Laufkran legt in 1 min einen Weg $s = 120$ m zurück. Dann ist seine Geschwindigkeit:

$$v = \frac{120}{60} = 2 \text{ m/sk}.$$

2. Zusammensetzung von Bewegungen.

1. Gleichgerichtete Bewegungen.

Ein Schiff fährt mit der Geschwindigkeit u. Auf dem Schiffe bewegt sich ein Mann in der gleichen Richtung mit der Eigengeschwindigkeit w. Dem Ufer gegenüber hat der Mann dann die Geschwindigkeit:

$$c = u + w.$$

Beispiel. Ein Dampfschiff fährt mit der Geschwindigkeit $u = 7$ m/sk. Auf dem Schiffe bewegt sich ein Mann mit der Ge-

---

[1]) Siehe Geschwindigkeit bei ungleichförmiger Bewegung S. 84.

Zusammensetzung von Bewegungen.

schwindigkeit $w = 1$ m/sk. Der Mann hat, wenn er in der Fahrtrichtung geht, die Absolutgeschwindigkeit:

$$c = 7 + 1 = 8 \text{ m/sk.}$$

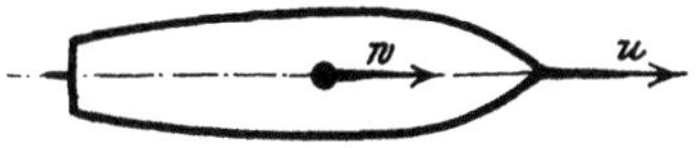

Fig. 109. 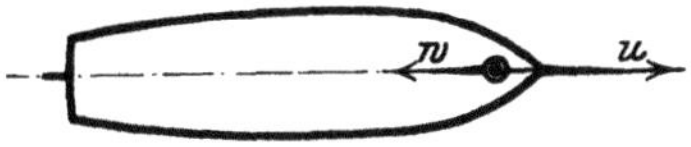 Fig. 110.

2. Entgegengesetzt gerichtete Bewegungen.

Auf dem mit der Geschwindigkeit u fahrenden Schiffe geht ein Mann mit der Eigengeschwindigkeit w vom Bug nach dem Heck des Schiffes. Dem Ufer gegenüber hat der Mann jetzt die Geschwindigkeit:

$$c = u - w.$$

Wenn der Mann (siehe voriges Beispiel) sich entgegen der Fahrtrichtung bewegt, hat er die Absolutgeschwindigkeit:

$$c = 7 - 1 = 6 \text{ m/sk.}$$

3. Die Richtungen zweier Bewegungen schließen einen beliebigen Winkel miteinander ein.

Parallelogramm der Geschwindigkeiten.

Ein mit der Eigengeschwindigkeit w fahrendes Schiff, welches über einen mit der Geschwindigkeit u fließenden Fluß fährt, befindet sich nach Ablauf 1 sk nicht in dem Punkte 1, sondern in dem Punkte 2. Das Schiff hat gleichzeitig mit der eigenen auch die Bewegung des fließenden Wassers ausgeführt. Es hat sich also tatsächlich mit einer Geschwindigkeit bewegt, deren Größe und Richtung durch c bezeichnet ist.

Beispiel. Mit der Geschwindigkeit $c = 6$ m/sk fließt das Wasser dem Laufrade einer Turbine unter dem Winkel

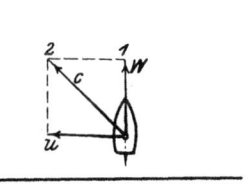

Fig. 111.

$\alpha = 20^0$ zu. Das Turbinenrad hat an der Eintrittsstelle die Umfangsgeschwindigkeit $u = 4$ m/sk. Die Turbinenschaufel muß an der Eintrittsstelle parallel sein zu der aus dem Parallelogramm erhaltenen Relativgeschwindigkeit $w = 2,6$ m/sk.

6*

u heißt die Systemgeschwindigkeit,
w „ „ Relativgeschwindigkeit,
c „ „ Absolutgeschwindigkeit.

Die Absolutgeschwindigkeit ist Diagonale in dem Parallelogramm, dessen Seiten die Systemgeschwindigkeit und die Relativgeschwindigkeit sind.

Fig. 112. Maßstab: 1 mm = 2,6 m/sk.

3. Ungleichförmige Bewegung.

Die Geschwindigkeit[1]) ändert sich.

a) Beschleunigte Bewegung.[2])

Die Geschwindigkeit nimmt zu. Beschleunigung ist die Zunahme der Geschwindigkeit während 1 sk.

Gleichförmig beschleunigte Bewegung.

Die Beschleunigung bleibt die gleiche. Wird die Anfangsgeschwindigkeit v_1 gleichmäßig gesteigert, so daß in t Sekunden die Endgeschwindigkeit v_2 erreicht wird, so beträgt hier die Beschleunigung:

$$p = \frac{v_2 - v_1}{t}.$$

Benennung: m/sk².

Beispiel. Ein Förderkorb wird in $t = 10$ sk auf die Geschwindigkeit $v_2 = 12$ m/sk gebracht. Dann ist die Anfahrtsbeschleunigung:

$$p = \frac{v_2 - v_1}{t} = \frac{12}{10} = 1,2 \text{ m/sk}^2.$$

$$v_1 = 0.$$

Ungleichförmig beschleunigte Bewegung.

Die Beschleunigung nimmt zu oder ab.

b) Verzögerte Bewegung.

Die Geschwindigkeit nimmt ab. Verzögerung ist die Abnahme der Geschwindigkeit während 1 sk.

---

[1]) Die (augenblickliche) Geschwindigkeit eines ungleichförmig bewegten Körpers ist derjenige Weg, den der Körper in 1 sk zurücklegen würde, wenn er von dem betrachteten Augenblick an seinen Bewegungszustand beibehalten würde.

[2]) Zeichnerische Darstellung siehe Fallgesetze S. 90.

Gleichförmig verzögerte Bewegung.

Die Verzögerung bleibt die gleiche. Geht die Anfangsgeschwindigkeit v_1 stetig in t Sekunden in die Endgeschwindigkeit v_2 über, so beträgt die Verzögerung:

$$p = \frac{v_1 - v_2}{t}.$$

Benennung: m/sk².

Beispiel. Ein mit der Geschwindigkeit $v_1 = 10$ m/sk fahrendes Automobil wird gebremst und erreicht in $t = 3$ sk die Geschwindigkeit $v_2 = 5$ m/sk. Dann ist die Verzögerung des Wagens:

$$p = \frac{10 - 5}{3} = 1{,}67 \text{ m/sk}^2.$$

Ungleichförmig verzögerte Bewegung.

Die Verzögerung nimmt zu oder ab.

4. Umfangsgeschwindigkeit und Winkelgeschwindigkeit.

Umfangsgeschwindigkeit.

Irgend ein Punkt des Umfanges einer Riemscheibe vom Durchmesser d legt bei einer Umdrehung der Scheibe den Weg

$$\pi \cdot d$$

zurück. Der von diesem Punkt in 1 sk zurückgelegte Weg heißt seine Umfangsgeschwindigkeit u. Bei n minutlichen Umdrehungen der Scheibe ist:

$$u = \frac{\pi \cdot d \cdot n}{60}.$$

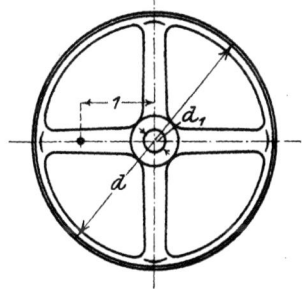

Fig. 113.

Bei derselben Umgangszahl hat ein Punkt am Wellenumfang die Umfangsgeschwindigkeit:

$$u_1 = \frac{\pi \cdot d_1 \cdot n}{60}.$$

Folglich:

$$\frac{u}{u_1} = \frac{d}{d_1}.$$

Bei einem umlaufenden Körper haben dessen einzelne Teile verschiedene Umfangsgeschwindigkeiten.

Beispiel. Riemscheibe vom Durchmesser $d = 500$ mm läuft mit $n = 50$ Umdrehungen in der Minute. Ihre Umfangsgeschwindigkeit ist:

$$u = \frac{3{,}14 \cdot 0{,}5 \cdot 50}{60} = 1{,}31 \text{ m/sk}.$$

Die Welle hat $d_1 = 50$ mm Durchmesser. Ein Punkt am Wellenumfang hat die Umfangsgeschwindigkeit:

$$u_2 = 0{,}131 \text{ m/sk}.$$

Winkelgeschwindigkeit.

Ein im Abstande 1 von der Drehachse befindlicher Punkt $\mathfrak{P}$, z. B. einer umlaufenden Riemscheibe, hat die Umfangsgeschwindigkeit:

$$u_1 = \frac{2 \cdot \pi \cdot 1 \cdot n}{60},$$

$$= \frac{\pi \cdot n}{30}.$$

Für einen Punkt im Abstande r ist:

$$u = \frac{2\, r \cdot \pi \cdot n}{60}.$$

Das Verhältnis:

$$\frac{u}{r} = \frac{\text{Umfangsgeschwindigkeit}}{\text{Abstand von der Drehachse}} = \omega = \frac{\pi \cdot n}{30}$$

ist für alle Punkte desselben umlaufenden Körpers das gleiche. Es heißt die **Winkelgeschwindigkeit**. Ändert sich die Winkelgeschwindigkeit, so heißt deren Zunahme in 1 sk **Winkelbeschleunigung**. Die Abnahme der Winkelgeschwindigkeit pro 1 sk heißt **Winkelverzögerung**.

Benennung der Winkelgeschwindigkeit:

$$\frac{m}{\text{sk}} \cdot \frac{1}{m} = \frac{1}{\text{sk}}.$$

Beispiel. Die Welle des vorigen Beispieles hat die Winkelgeschwindigkeit:

$$\omega = \frac{3{,}14 \cdot 50}{30} = 5{,}23.$$

5. Bewegung des Kurbelgetriebes.[1]

Kurbelgetriebe einer Dampfmaschine:
s = Hub (Durchmesser des Kurbelkreises),
n = Umgangszahl in der Minute.

Geschwindigkeit des Kurbelzapfens:

$$v = \frac{\pi \cdot s \cdot n}{60}.$$

Mittlere Kolbengeschwindigkeit:

$$c = \frac{2 \cdot s \cdot n}{60} = \frac{s \cdot n}{30}.$$

Größte Kolbengeschwindigkeit wird nahe der Hubmitte erreicht:

$c_{max} = v$.

In den Totlagen (Endpunkten des Kolbenweges) ist die Kolbengeschwindigkeit 0. Der Kolben kommt vorübergehend zur Ruhe. Vor der Erreichung der Totlage wird der Kolben nebst dem ganzen Triebwerk verzögert. Nach der Umkehr ist das Triebwerk von neuem zu beschleunigen.

---

[1] Siehe Fig. 11 S. 7.

IV. Dynamik.

Dynamik ist die Lehre vom Zusammenhang der Kräfte mit den Bewegungen und den Bewegungsänderungen. Jede nicht aufgehobene Kraft ändert den augenblicklichen Bewegungszustand des beeinflußten Körpers. Letzterer wird in Richtung der Kraft beschleunigt oder verzögert.

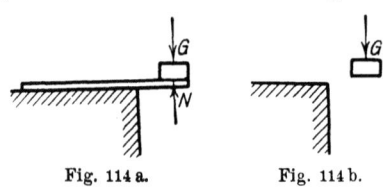

Fig. 114 a.   Fig. 114 b.

Der nach Fig. 114 a unterstützte Körper befindet sich unter dem Einfluß seines Eigengewichtes G und des Gegendruckes N der Unterlage im Gleichgewicht. Nach Beseitigung der Unterstützung wirkt nur die Kraft G, die den Körper nach unten beschleunigt.

1. Gewicht und Masse der Körper.

Das Gewicht eines Körpers ist die Kraft, mit welcher er von der Erde angezogen wird. Das Gewicht eines Körpers ist an den verschiedenen Punkten der Erde verschieden, es wächst mit der Näherung an den Erdmittelpunkt und nimmt mit der Entfernung ab. In demselben Maße wächst und nimmt ab die Beschleunigung g,[1]) die der Körper an den verschiedenen Stellen der Erde durch sein Gewicht erhält.

Das Verhältnis:

$$\frac{G}{g} = m = \text{Masse des Körpers vom Gewicht G,}$$

Benennung: $\frac{\text{kg}}{\text{m}} \cdot \text{sk}^2$,

---

[1]) Als Mittelwert wird gerechnet:
$$g = 9{,}81 \text{ m/sk}^2,$$
oder abgerundet:
$$g = 10 \text{ m/sk}^2.$$

behält für denselben Körper an allen Stellen der Erde gleichen Wert:
$$G = m \cdot g.$$
Gewicht = Masse × Beschleunigung des freien Falles.

2. Dynamisches Grundgesetz.[1])

Die Kraft P, welche notwendig ist, um einen Körper von der Masse m die Beschleunigung p zu erteilen, ist zu berechnen nach der Formel:
$$P = m \cdot p,$$
Kraft = Masse × Beschleunigung.

Beispiel. Schlitten vom Gewicht $Q = 200$ kg steht auf Eisbahn. Der Reibungskoeffizient ist $\mu = 0,02$. An dem Schlitten zieht die Kraft $Z = 5$ kg. Der Reibungswiderstand ist $\Re = 4$ kg. Die Beschleunigungskraft ist:
$$P = Z - \Re = 1 \text{ kg}.$$

Also ist die Beschleunigung des Schlittens:
$$p = \frac{P}{m} = \sim \frac{1}{20} = \sim 0,05 \text{ m/sk}^2.$$
$$(g = \sim 10 \text{ m/sk}^2.)$$

Bei allen Maschinen mit hin und her gehendem Kolben, z. B. Dampfmaschinen, Gasmaschinen, Pumpen, ist in der ersten Hälfte des Hubes eine nach obigem Gesetz zu berechnende Kraft P notwendig, die nur zur Beschleunigung der Triebwerksteile verbraucht wird. Das Entsprechende gilt für die Bewegung des Tisches der Hobelmaschinen.

Beispiel. Das Triebwerksgewicht einer Seite beträgt bei einer Schnellzugslokomotive $Q = 340$ kg. Die Masse derselben ist $m = \dfrac{Q}{g} = \dfrac{340}{9,81} = \sim 34,6$. Der Kolbenhub beträgt $s = 630$ mm. Bei der höchsten Fahrgeschwindigkeit beträgt die Beschleunigung des Triebwerkes in den Totpunkten $p = \dfrac{v^2}{r} = \sim 203$ m/sk² (siehe später „Zentralkraft"). Also ist in den Totpunkten ausschließlich zur Beschleunigung des Triebwerkes notwendig die Kraft:
$$P = m \cdot p = 34,6 \cdot 203 = \sim 7000 \text{ kg}.$$

---

[1]) Berechnung der Beschleunigungsarbeit: Lebendige Kraft S. 95 u. f.

3. Fallgesetze.

Ohne Berücksichtigung des Luftwiderstandes.

Die Bewegung des freien Falles ist gleichförmig beschleunigt. Das Gewicht G wirkt dauernd auf den fallenden Körper in der Bewegungsrichtung.

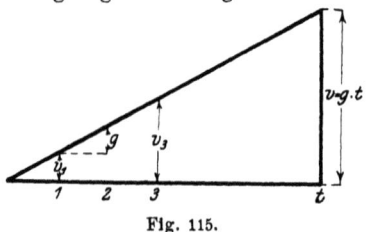

Fig. 115.

Geschwindigkeiten (Dreieckshöhen)
am Anfang $v_0 = 0$,
„ Ende der 1. sk $v_1 = g$,
„ „ „ 2. „ $v_2 = 2g$,
. . . .
„ „ „ t „ $v = g \cdot t$.

Zeiten (Grundlinien) 1, 2, 3 . . . . t Sekunden.

Wege (Dreiecksflächen):
Es wird zurückgelegt:

$$h_1 = \frac{v_1}{2} \quad \text{in der 1. sk,}$$

$$h_2 = \frac{v_2 \cdot 2}{2} \quad \text{„ den ersten 2 sk,}$$

$$h = \frac{v \cdot t}{2} \quad \text{„ „ „ } t \text{ „}$$

$$= g \cdot t \cdot \frac{t}{2},$$

$$h = \frac{g \cdot t^2}{2}.$$

h ist dargestellt durch den Inhalt des Dreiecks in Fig. 115.

Beispiel. Nach einer Fallzeit $t = 10$ sk ist

$$v = 9{,}81 \cdot 10 = 98{,}1 \text{ m/sk.}$$

$$h = \frac{9{,}81 \cdot 100}{2} = 490{,}5 \text{ m.}$$

Aus
$$v = g \cdot t,$$
$$t = \frac{v}{g},$$
$$h = \frac{v \cdot t}{2} = \frac{v}{2} \cdot \frac{v}{g} = \frac{v^2}{2g}.$$

Endgeschwindigkeit:
$$v = \sqrt{2g \cdot h}.$$

4. Senkrechter Wurf nach oben.
Ohne Berücksichtigung des Luftwiderstandes.

Gleichförmig verzögerte Bewegung. Das Gewicht G wirkt dauernd auf den Körper entgegen der Bewegungsrichtung.

Die Anfangsgeschwindigkeit, mit welcher der Körper nach aufwärts geworfen wird, ist
$$v_1.$$

Eine nach unten gerichtete Geschwindigkeit ist zu Anfang nicht vorhanden. Die Schwerkraft erteilt dem frei gewordenen Körper die nach unten gerichtete Beschleunigung g, also nach Ablauf von t sk nach abwärts die Geschwindigkeit
$$v_2 = g \cdot t.$$

Durch Zusammensetzung beider Geschwindigkeiten ergibt sich die wirkliche Geschwindigkeit
$$v = v_1 - v_2,$$
$$v = v_1 - g \cdot t.$$

Falls
$$v_1 = g \cdot t,$$
so ist
$$v = 0,$$
d. h. der Körper hat den höchsten Punkt erreicht und beginnt zu fallen.

5. Bewegung auf geneigter Bahn.
Ohne Berücksichtigung der Reibung.

Auf der schiefen Ebene abwärts treibt die Kraft
$$G \cdot \sin \alpha.$$

92 Dynamik.

Da $G = m \cdot g$,
so ist
$$G \cdot \sin \alpha = m \cdot g \sin \alpha.$$

Aus der Endgeschwindigkeit bei dem freien Falle
$$v = \sqrt{2g \cdot h}$$
ergibt sich hier die Endgeschwindigkeit am Fuße der schiefen Ebene

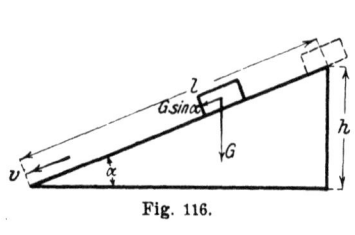

Fig. 116.

$$v' = \sqrt{2p \cdot l},$$
$$p = g \cdot \sin \alpha,$$
$$l = \frac{h}{\sin \alpha},$$
$$v' = \sqrt{2g \cdot \sin \alpha \cdot \frac{h}{\sin \alpha}},$$
$$v' = \sqrt{2g \cdot h} = v.$$

Die Endgeschwindigkeit ist die gleiche, wenn der Körper die Höhe h durchfällt, oder wenn er auf der schiefen Ebene abwärts gleitet.

Bewegung auf beliebiger Bahn.

Der Neigungswinkel α kommt in der Schlußformel nicht vor, ist also für die Größe von v gleichgültig. Letztere wird also auch erreicht, wenn der Körper auf einer beliebigen anderen Bahn sich um h senkt, also z. B. auf einer Kreisbahn, wie das Gewicht eines Pendels nach Fig. 117.

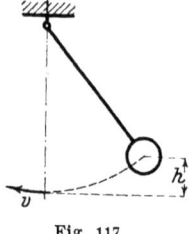

Fig. 117.

Auf einer krummen Bahn kann ein Körper sich nur dann bewegen, wenn er **durch eine Kraft** (bei dem Pendel durch die Zugkraft in der Pendelstange) ständig aus seiner augenblicklichen Richtung **abgelenkt wird**.

6. Wurfgesetze.
Wagerechter Wurf.

Ohne Berücksichtigung des Luftwiderstandes.

Die Schwerkraft wirkt ständig geneigt zur Bahnrichtung und lenkt den Körper ab. In der wagerechten Richtung wirkt auf den frei gewordenen Körper keine Kraft ein. Daher

Wurfgesetze.

behält er in dieser Richtung seine ursprüngliche Geschwindigkeit
$$v_1$$
bei und hat nach Ablauf von t Sekunden einen Weg
$$s_1 = v \cdot t$$
zurückgelegt.

In der senkrechten Richtung beginnt der Körper seine Bewegung mit der Geschwindigkeit 0. Durch die Schwerkraft erhält er die nach unten gerichtete Beschleunigung g. Nach Ablauf von t Sekunden hat der Körper nach abwärts den Weg
$$\frac{g \cdot t^2}{2}$$
zurückgelegt. Er befindet sich also im Punkte $\mathfrak{P}$. Die Bahnlinie ist eine Parabel, deren Scheitel im Ausgangspunkte $\mathfrak{A}$ der Bewegung liegt.

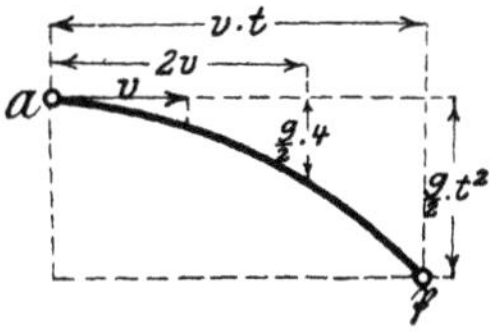

Fig. 118.

Schiefer Wurf nach oben.

Ohne Berücksichtigung des Luftwiderstandes.

Der Körper wird unter dem Winkel α gegen die Wagerechte schräge nach oben geworfen mit der Geschwindigkeit
$$c.$$
Diese besitzt eine wagerechte Seitengeschwindigkeit
$$v_1 = c \cdot \cos \alpha$$
und eine senkrechte Seitengeschwindigkeit
$$v_2 = c \cdot \sin \alpha.$$

In der wagerechten Richtung wirkt auf den geworfenen Körper keine Kraft. Daher bleibt die Seitengeschwindigkeit
$$c \cdot \cos \alpha$$
unverändert erhalten.

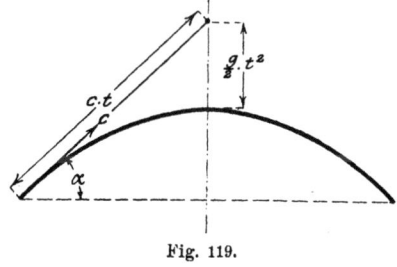

Fig. 119.

Die senkrechte Seitengeschwindigkeit wird durch die nach unten wirkende Schwerkraft beständig verändert. Vor der Erreichung des höchsten Bahnpunktes sind nach t Sekunden zusammenzusetzen in der Senkrechten die Geschwindigkeiten

94 Dynamik.

1) $c . \sin \alpha$ nach oben gerichtet,
2) $g . t$ „ unten „ .

Es ergibt sich nach t Sekunden die senkrecht nach oben gerichtete Geschwindigkeit:

$$v_2 = c . \sin \alpha - g . t.$$

Die Bewegung in dieser Richtung ist eine gleichmäßig verzögerte. Die Verzögerung g ist die der Bewegung entgegengerichtete (negative) Beschleunigung.

Im höchsten Punkte der Bahn ist

$$v_2 = c . \sin \alpha - g . t = 0.$$

Der Körper hat dann in der senkrechten Richtung augenblicklich keine Bewegung.

Hinter dem höchsten Bahnpunkte führt der Körper in der senkrechten Richtung eine nach abwärts gerichtete, gleichmäßig beschleunigte Bewegung aus. Die Schwerkraft wirkt nach der Richtung der senkrechten Seitengeschwindigkeit.

Beispiel. Eine Gewehrkugel hat die Anfangsgeschwindigkeit

$$c = 600 \text{ m/sk},$$
$$\alpha = 20^0. \quad \text{Nach } t = 5 \text{ sk},$$
$$c . \cos \alpha = 600 . 0{,}940 = 564 \text{ m/sk},$$
$$c . \sin \alpha - g . t = 600 . 0{,}342 - 9{,}81 . 5$$
$$= 156{,}15 \text{ m/sk}.$$

7. Leistung.

Die auf 1 sk bezogene mechanische Arbeit heißt Leistung oder Effekt. Die Leistung der Maschinen wird gemessen in Pferdestärken (PS.).

1 PS. = 75 mkg/sk.

Die Anzahl der auf eine Maschine übertragenen PS. ist:

$$N = \frac{P . v}{75}.$$

Es bedeuten:

P die wirksame Kraft,
v die Geschwindigkeit der Kraft.

Beispiel. Eine Handkurbel (Fig. 45) $a = 400$ mm wird durch die Kurbelkraft $P = 10$ kg mit $n = 30$ Umdrehungen in der Minute angetrieben. Die auf die Kurbel übertragene Leistung ist dann

$$\frac{P \cdot 2\,a \cdot \pi \cdot n}{60} = \sim 12{,}57 \text{ mkg/sk.}$$

Die Anzahl der auf die Maschinen übertragenen Pferdestärken ist:

$$N = \frac{P \cdot 2\,a \cdot \pi \cdot n}{60 \cdot 75} = 0{,}167 \text{ PS.}$$

Beispiel. Eine Riemscheibe vom Durchmesser $D = 400$ mm läuft mit $n = 300$ minutlichen Umgängen. Die Umfangsgeschwindigkeit ist $v = 6{,}28$ m/sk. Es sollen $N = 5$ PS. übertragen werden. Dann ist die zu übertragende Umfangskraft:

$$P = \frac{N \cdot 75}{v} = \frac{5 \cdot 75}{6{,}28} = \sim 60 \text{ kg.}$$

Der größte Riemenzug ist:

$$S_1 = \sim 2\,P = 120 \text{ kg.}$$

8. Lebendige Kraft.

a) Bei geradliniger Bewegung.

Ein Körper von der Masse m wird durch die Kraft P auf dem Wege s beschleunigt, so daß seine Geschwindigkeit in t Sekunden von c auf v steigt. Beschleunigung p.

Es ist dann

$$P = m \cdot p$$

und

$$s = \frac{v + c}{2} \cdot t.$$

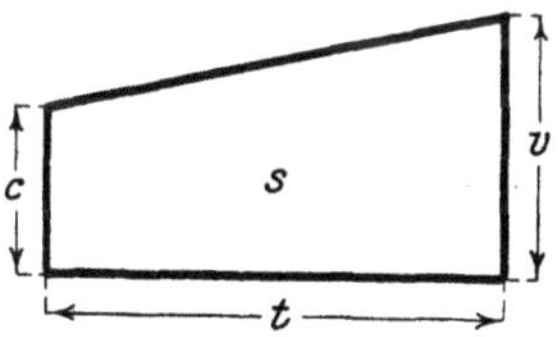

Fig. 120.

Also ist die hierbei von der Kraft geleistete (Beschleunigungs-) Arbeit:

$$A = P \cdot s = m \cdot p \cdot \frac{v + c}{2} \cdot t,$$

$$p = \frac{v - c}{t},$$

$$P \cdot s = m \cdot \frac{v - c}{t} \cdot \frac{v + c}{2} \cdot t,$$

$$P \cdot s = \frac{m}{2} \cdot (v^2 - c^2).$$

Das Produkt:
$$\frac{m \cdot c^2}{2}$$
heißt die lebendige Kraft am Anfang.

Benennung:
$$\frac{\text{kg} \cdot \text{sk}^2}{\text{m}} \cdot \frac{\text{m}^2}{\text{sk}^2} = \text{mkg}.$$

Das Produkt:
$$\frac{m \cdot v^2}{2}$$
heißt die lebendige Kraft am Ende der betrachteten Zeit.

Die lebendige Kraft eines mit der Geschwindigkeit v bewegten Körpers ist diejenige mechanische Arbeit, die notwendig ist, um den Körper aus der Ruhelage auf die Geschwindigkeit v zu bringen.

Die Zunahme der lebendigen Kraft eines bewegten Körpers ist gleich der von der Beschleunigungskraft auf den Körper übertragenen mechanischen Arbeit.

Lebendige Kraft bedeutet eine Arbeit!

Im umgekehrten Falle bei der Verzögerung eines bewegten Körpers durch einen Widerstand überträgt der Körper in seiner Bewegungsrichtung eine Kraft und leistet daher eine Arbeit:

Die Abnahme der lebendigen Kraft eines bewegten Körpers ist gleich der durch Überwindung eines Widerstandes geleisteten mechanischen Arbeit.

Jeder bewegte Körper besitzt demnach ein Arbeitsvermögen (Energie), welches gleich ist seiner lebendigen Kraft.

Beispiel. Ein Eisenbahnzug vom Gesamtgewicht $Q = 250\,000$ kg, also einer Masse $m = \sim 25\,000$, besitzt die Geschwindigkeit $V_1 = 72$ km/st, d. h. $v_1 = 20$ m/sk. Die lebendige Kraft des Zuges ist:

$$\frac{m \cdot v_1^2}{2} = \frac{25\,000 \cdot 400}{2} = 5\,000\,000 \text{ mkg}.$$

Wird die Geschwindigkeit des Zuges bis auf $V_2 = 90$ km/st, d. h. $v_2 = 25$ m/sk gesteigert, so ist die zu dem Zweck aufzuwendende Arbeit:

$$A = \frac{m \cdot v_2^2}{2} - \frac{m \cdot v_1^2}{2} = 7\,800\,000 - 5\,000\,000 = 2\,800\,000 \text{ mkg}.$$

Lebendige Kraft.

Beispiel. Ein Förderkorb vom Gewicht $Q = 3000$ kg; $m = \sim 300$ wird in 10 sk auf die Geschwindigkeit $v = 12$ m/sk gebracht. Die aufzuwendende Beschleunigungsarbeit ist:

$$A_1 = \frac{m \cdot v^2}{2} = \sim \frac{300 \cdot 144}{2} = 21\,600 \text{ mkg.}$$

Der während der Beschleunigungsperiode zurückgelegte Weg ist:

$$s = \frac{p \cdot t^2}{2} = \frac{1,2 \cdot 10^2}{2},$$

$$s = 60 \text{ m.}$$

Die während der Beschleunigungsperiode geleistete Hubarbeit ist:

$$A_2 = Q \cdot s = 3000 \cdot 60,$$
$$A_2 = 180\,000 \text{ mkg.}$$

Also ist die in dieser Zeit geleistete Gesamtarbeit:

$$A_1 + A_2 = 201\,600 \text{ mkg.}$$

Beispiel. Einer Turbine fließen pro Minute 2 cbm Wasser mit der Geschwindigkeit $c_1 = 10$ m/sk zu. Die Austrittsgeschwindigkeit ist $c_2 = 3$ m/sk. Die in 1 Minute an das Laufrad abgegebene Arbeit ist ($g = 10$ m/sk^2):

$$A = \frac{200 \cdot 100}{2} - \frac{200}{2} \cdot 9 = 9100 \text{ mkg.}$$

Der Wirkungsgrad ist:

$$\eta = \frac{9100}{10\,000} = 0,91.$$

b) Bei Drehbewegung.

Eine kleine Kugel (Punkt) von der Masse m dreht sich um den Punkt O mit der Geschwindigkeit v. Sie besitzt daher die lebendige Kraft:

$$L = \frac{m \cdot v^2}{2},$$

da
$$v = r \cdot \omega,$$
so ist
$$L = \frac{m \cdot r^2 \cdot \omega^2}{2},$$
$$L = \frac{J \cdot \omega^2}{2}.$$

$$J = m \cdot r^2$$

heißt das Trägheitsmoment der kleinen Kugel in bezug auf die Drehachse O.

Ebenso besitzt ein Drahtring vom Halbmesser r und der Masse m bei der Winkelgeschwindigkeit ω die lebendige Kraft

$$L = \frac{m \cdot r^2 \cdot \omega^2}{2}.$$

Eine volle Scheibe, z. B. eine Schleifscheibe, kann aus einzelnen Ringen von verschiedenen Massen, m_1, m_2, m_3 usw., und von ver-

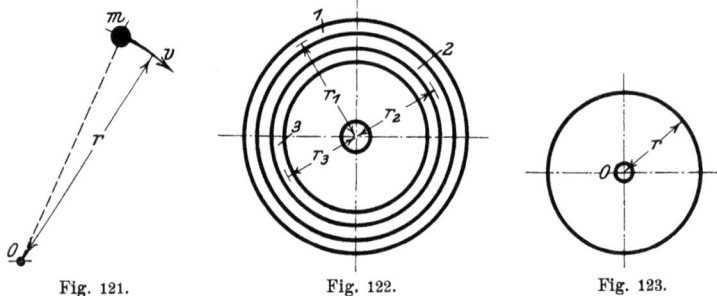

Fig. 121. Fig. 122. Fig. 123.

schiedenen Halbmessern, r_1, r_2, r_3 usw., zusammengesetzt gedacht werden. Die lebendigen Kräfte der einzelnen Ringe sind dann:

$$1. \ L_1 = \frac{m_1 \cdot r_1^2 \cdot \omega^2}{2},$$

$$2. \ L_2 = \frac{m_2 \cdot r_2^2 \cdot \omega^2}{2},$$

$$3. \ L_3 = \frac{m_3 \cdot r_3^2 \cdot \omega^2}{2}.$$

Die lebendige Kraft der ganzen Scheibe ist demnach gleich der Summe der lebendigen Kräfte der einzelnen, die Scheibe bildenden Ringe:

$$L = L_1 + L_2 + L_3 + \cdots$$
$$= (m_1 \cdot r_1^2 + m_2 \cdot r_2^2 + m_3 \cdot r_3^2 + \cdots) \cdot \frac{\omega^2}{2}.$$

Der in der Klammer stehende Wert heißt das körperliche Trägheitsmoment J_k der Scheibe. Also ist

$$\boldsymbol{L = J_k \cdot \frac{\omega^2}{2}}.$$

Benennung des körperlichen Trägheitsmomentes:
$$\frac{\text{kg}}{m} \cdot \text{sk}^2 \cdot m^2 = \text{kg} \cdot m \cdot \text{sk}^2.$$

9. Trägheitsmomente.

1. Trägheitsmoment eines dünnen Kreisringes (Fig. 123):
$$J_k = m \cdot r^2.$$

2. Trägheitsmoment des Vollzylinders, bezogen auf die Drehachse O:
$$J_k = \frac{m \cdot r^2}{2},$$
$$m = \frac{V \cdot s}{g},$$

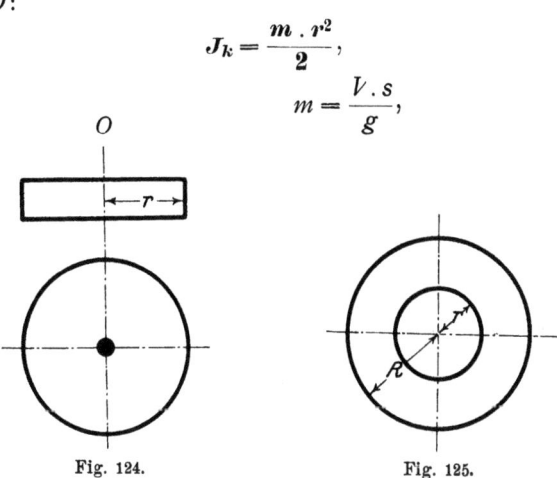

Fig. 124.   Fig. 125.

hierin bedeutet:
r den Halbmesser des Zylinders in Metern,
V das Volumen des Vollzylinders,
s „ spezifische Gewicht des Vollzylinders,
$g = 9{,}81$ m/sk² die Beschleunigung des freien Falles.

3. Trägheitsmoment eines dicken Schwungringes von rechteckigem Querschnitt:
$$J_k = \frac{1}{2}(M \cdot R^2 - m \cdot r^2).$$

Hierin bedeutet M die Masse der Vollscheibe vom Halbmesser R und m die Masse der herausgeschnittenen Vollscheibe vom Halbmesser r. R und r in Metern.

4. Trägheitsmoment einer Stange (eines Radarmes) in bezug auf die durch O gehende Drehachse:

$$J_k = \frac{m \cdot l^2}{3}.$$

m ist die Masse der Stange,
l „ „ Länge in Metern.

Trägheitsmoment eines Schwungrades:
$$J = J_1 + n \cdot J_2 + J_3.$$
Es bedeutet:
J_1 das Trägheitsmoment des Schwungringes,
$n \cdot J_2$ „ „ sämtlicher Arme,
J_3 „ „ der Nabe.

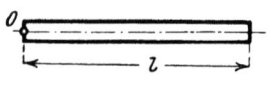

Fig. 126.

Die lebendige Kraft des umlaufenden Schwungrades, d. h. die in ihm aufgespeicherte Energie ist:
$$L = (J_1 + n \cdot J_2 + J_3) \cdot \frac{\omega^2}{2}.$$

Beispiel. Ein Schwungrad nach Fig. 127a hat das Kranzgewicht[1]) $Q_1 = 2280$ kg. Die Masse des Kranzes ist $M_1 = \frac{2280}{9,81} = 232$. Der Schwerpunkt des Kranzquerschnittes ist um $R = 1,01$ m von der Radmitte entfernt. Die ganze Masse des Kranzes kann man sich also auf einer Kreislinie vom Halbmesser R vereinigt denken. Daher ist das Trägheitsmoment des Kranzes:
$$J_1 = M_1 \cdot R^2 = 232 \cdot 1,01^2 = 237.$$

Der Armquerschnitt ist elliptisch und hat die durch Fig. 127b angegebene mittlere Größe.

$F = \pi \cdot a \cdot b$,
$a = 100$ mm,
$b = 50$ mm,
$F = 157$ qcm.

Die Armlänge ist
$$l = 900 - 200 = 700 \text{ mm} = 0,7 \text{ m}.$$

Das Volumen eines Armes ist bei dessen bis zu der Achse gedachten Verlängerung:
$$V = 1,57 \cdot 9 = 14,1 \text{ cbdm}.$$

---

[1]) Berechnung des Kranzgewichtes siehe Guldinsche Regel. S. 21.

Trägheitsmomente.

Die Masse dieses verlängert gedachten Armes ist:
$$m_1 = \frac{14,1 \cdot 7,2}{9,81} = 10,3.$$

Dessen Trägheitsmoment ist:
$$i_1 = \frac{m_1 \cdot L^2}{3} = \frac{10,3 \cdot 0,9^2}{3} = 2,78,$$

$L = 0,9$ m.

Die Masse des durch die Nabe abgeschnittenen innersten Armstückes ist
$$m_2 = \frac{1,57 \cdot 2 \cdot 7,2}{9,81} = 2,3,$$

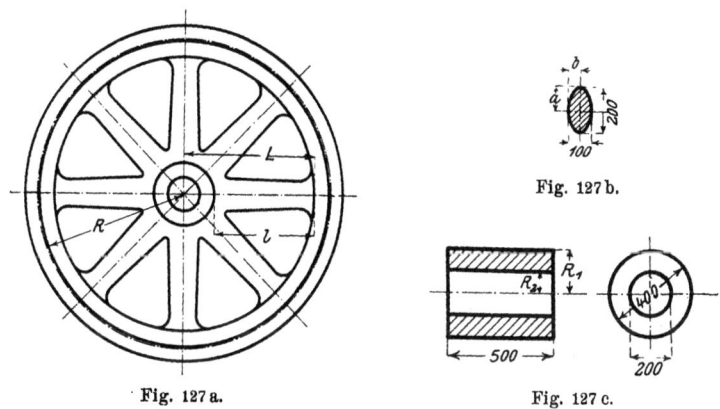

Fig. 127 a. Fig. 127 b. Fig. 127 c.

dessen Trägheitsmoment:
$$i_2 = \frac{m_2 \cdot (L-l)^2}{3} = \frac{2,3 \cdot 0,04}{3} = 0,03,$$

$L - l = 0,2$ m.

Also ist die Masse eines Radarmes
$$m_1 - m_2 = 8$$
und dessen Gewicht
$$Q_2 = 78,5 \text{ kg}.$$

Das Gewicht der 8 Arme:
$$8 Q_2 = 628 \text{ kg}.$$

Das Trägheitsmoment eines Radarmes ist daher:
$$J_2 = i_1 - i_2 = 2{,}78 - 0{,}03 = 2{,}75.$$
Also ist das Trägheitsmoment sämtlicher 8 Arme:
$$8 J_2 = 22.$$

Nabe (Fig. 127c). Vollzylinder vom Halbmesser:
$$R_1 = 0{,}2 \text{ m},$$
dessen Gewicht:
$$G_1 = 2^2 \cdot \pi \cdot 5 \cdot 7{,}2 = 452 \text{ kg},$$
dessen Masse:
$$m_3 = \sim 46,$$
dessen Trägheitsmoment:
$$i_3 = \frac{m_3 \cdot R^2}{2} = \frac{46 \cdot 0{,}2^2}{2} = 0{,}92.$$

Das Gewicht des durch die Bohrung fortfallenden Nabenteiles ist:
$$G_2 = 1^2 \cdot \pi \cdot 5 \cdot 7{,}2 = 113 \text{ kg},$$
dessen Masse:
$$M_4 = 11{,}5,$$
dessen Trägheitsmoment:
$$i_4 = \frac{11{,}5 \cdot 0{,}1^2}{2} = 0{,}057.$$

Trägheitsmoment der Nabe:
$$J_3 = i_3 - i_4 = 0{,}92 - 0{,}057 = 0{,}863.$$
Das Gewicht der Nabe ist:
$$Q_3 = 452 - 113 = 339 \text{ kg}.$$
Trägheitsmoment des ganzen Schwungrades:
$$J = J_1 + 8 J_2 + J_3 = 259{,}86 = \sim 260.$$
Das Gewicht des ganzen Schwungrades ist:
$$Q = Q_1 + 8 Q_2 + Q_3 = 3247 = \sim 3250 \text{ kg}.$$

Wenn das Schwungrad $n = 100$ Umdrehungen in der Minute macht, so ist seine mittlere Winkelgeschwindigkeit:
$$\omega_m = 10{,}472.$$

Die in dem umlaufenden Schwungrade aufgespeicherte Energie ist dann:
$$\mathfrak{L} = \frac{J \cdot \omega^2}{2} = \frac{260 \cdot 10{,}472^2}{2},$$
$$\mathfrak{L} = \sim 14250 \text{ mkg}.$$

Winkelbeschleunigung.

Die Drehbewegung eines Schwungrades ist aber während jeder einzelnen Umdrehung nicht gleichförmig. Die größte Winkelgeschwindigkeit ist ω_1, die kleinste Winkelgeschwindigkeit ist ω_2; dann ist das Verhältnis

$$\frac{\omega_1 - \omega_2}{\omega_m} = \delta$$

der Ungleichförmigkeitsgrad,

z. B. $\omega_1 = 10{,}577$, entsprechend $n_1 = 101$,

d. h. das Schwungrad würde, wenn es mit der Winkelgeschwindigkeit ω_1 dauernd laufen würde, in der Minute 101 Umgänge machen.

$\omega_2 = 10{,}367$, entsprechend $n_2 = 99$,

$$\delta = \frac{10{,}577 - 10{,}367}{10{,}472} = \sim \frac{1}{50}.$$

10. Winkelbeschleunigung.

Winkelbeschleunigung ε ist die Zunahme der Winkelgeschwindigkeit in der Zeiteinheit (sk):

$$\varepsilon = \frac{\omega_2 - \omega_1}{t},$$

ω_1 ist die Winkelgeschwindigkeit am Anfang,
ω_2 „ „ „ „ Ende,
t „ „ betrachtete Zeit.

Benennung der Winkelbeschleunigung: $\frac{1}{\text{sk}^2}$.

Eine Kugel von der Masse m ist mit einem Faden an dem Drehpunkt O befestigt und läuft um diesen mit der Winkelgeschwindigkeit ω_1 um. Diese Winkelgeschwindigkeit würde beibehalten werden, der Bewegungszustand würde nicht geändert werden, wenn kein treibendes oder hemmendes Moment auf die Kugel einwirken würde oder wenn treibendes und hemmendes Moment sich gegenseitig aufheben würden.

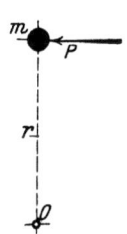

Fig. 128.

Wenn aber während der Bewegung in der Bewegungsrichtung die Kraft P wirkt, so gilt:

$$P = m \cdot p,$$

d. h. die Kugel erhält die Beschleunigung p. Da nun

$$p = r \cdot \varepsilon,$$

so ist
$$P = m \cdot r \cdot \varepsilon.$$

In bezug auf den Drehpunkt O:
$$P \cdot r = m \cdot r^2 \cdot \varepsilon,$$
$$M = i \cdot \varepsilon.$$

Hierin bedeutet M das treibende Moment und i das (körperliche) Trägheitsmoment der Kugel in bezug auf den Drehpunkt O.

Treibendes Moment = Trägheitsmoment × Winkelbeschleunigung.

11. Wirkung der Schwungräder.

Das Gleiche, das für eine kleine umlaufende Kugel gilt, hat auch Gültigkeit z. B. für die im Betrieb befindliche Kurbelwelle einer Kraftmaschine. An der Kurbel wirkt treibend das Moment der Schubstangenkraft. Der Drehung widerstehen:

1. das Moment des Riemen- oder Seilzuges, durch den die Arbeit der Maschinen auf die Transmission weiter geleitet wird,
2. das Moment der Zapfenreibung,
3. das Moment des Luftwiderstandes.

Die Größe des treibenden Momentes wechselt während jeder Umdrehung.

Wären sämtliche hemmende Momente gleich dem treibenden Moment, so würde die einmal in Gang gebrachte Maschine sich gleichförmig weiter drehen. Wenn aber das treibende Moment M_1 größer ist als die Summen sämtlicher hemmenden Momente M_2, so folgt:
$$M_1 - M_2 = M.$$

Dann erfährt die Welle eine Winkelbeschleunigung nach dem Gesetze
$$M = J \cdot \varepsilon.$$

(Im umgekehrten Falle erfährt die Welle eine Winkelverzögerung nach demselben Gesetze.)

Also ist die Winkelbeschleunigung:
$$\varepsilon = \frac{M}{J}.$$

Für ein bestimmtes Moment M ist demnach die Winkelbeschleunigung um so kleiner, je größer das Trägheitsmoment ist.

Durch das aufgekeilte Schwungrad wird das Trägheitsmoment der Kurbelwelle sehr stark vergrößert, und zwar um so mehr, je größer der Durchmesser des Schwungrades ist und je größer dessen Gewicht (Masse) ist. Je mehr also das Trägheitsmoment der Kurbelwelle durch das aufgekeilte Schwungrad vergrößert ist, um so gleichförmiger läuft die Maschine.

Das Schwungrad hat die Aufgabe, die bei jeder einzelnen Umdrehung der Kurbelwelle auftretenden Ungleichförmigkeiten des Ganges auszugleichen. Es nimmt zeitweise mechanische Arbeit „auf Vorrat" auf und gibt zeitweise mechanische Arbeit an die Kurbelwelle ab.

12. Erhaltung der Energie.[1])

Ein in der Höhe h befindliches Gewicht Q besitzt Energie der Lage, d. h. es kann die Arbeit

$$A = Q \cdot h$$

leisten dadurch, daß es die Höhe h durchfällt. Durch diese Arbeit wird dem Gewichte lebendige Kraft — Energie der Bewegung — erteilt. Die Endgeschwindigkeit ist:

$$v = \sqrt{2\,g \cdot h}.$$

Die Energie, d. h. Arbeitsfähigkeit des bewegten Gewichtes ist:

$$A = \frac{m \cdot v^2}{2},$$

$$m = \frac{Q}{g},$$

$$\frac{m \cdot v^2}{2} = Q \cdot h.$$

Es ist eine Energieform in eine andere umgewandelt worden. Andere Energieformen:

Wärme, gemessen in Wärmeeinheiten (W. E.). 1 W. E. ist diejenige Wärmemenge, die notwendig ist, um 1 l Wasser um 1° C. zu erwärmen.

1 W. E. = 427 mkg.

Elektrische Energie, gemessen in Watt oder Kilowatt (K. W.).

---

[1]) Mechanische Arbeit S. 28.
[2]) Pressungsenergie S. 123.

1 K. W. = 1000 Watt.
1 Watt = 1 Volt 1 Ampere.
736 Watt = 1 PS.

13. Zentralkraft.

Zentrifugalkraft.

Die um den Mittelpunkt O mit der Umfangsgeschwindigkeit v kreisende Kugel würde, wenn keine Kraft auf sie einwirken würde, nach Ablauf von 1 sk von 1 nach 2 gelangt sein. Damit sie auf der Kreisbahn geführt wird, muß sie nach dem Mittelpunkte hin eine Beschleunigung p erfahren. Der hierbei nach dem Mittelpunkte hin zurückgelegte Weg ist $\dfrac{p}{2}$ (Entfernung $\overline{2-3}$). Der Winkel bei 3 ist angenähert ein Rechter und wird als solcher gerechnet. Er ist das um so mehr, je näher 3 an 1 gelegen ist. Ebenso ist die Entfernung $\overline{2-4}$ um so genauer $2r$, je näher 3 an 1. Das ist um so mehr der Fall, je kürzer die Zeit ist, für welche die ganze Betrachtung gilt. v ist dann der in dieser sehr kurzen Zeit zurückgelegte Weg. Dann gilt[1]) nach der Ähnlichkeit der beiden Dreiecke 1, 2, 3 und 1, 2, 4:

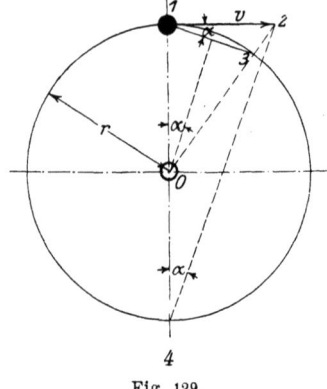

Fig. 129.

$$\frac{\frac{p}{2}}{v} = \frac{v}{2\,r}\left(=\frac{v}{\overline{2-4}}\right),$$

$$p = \frac{v^2}{r},$$

$$v = r \cdot \omega,$$

$$p = r \cdot \omega^2.$$

p bedeutet hier die Beschleunigung, welche die bewegte Kugel in der Richtung nach dem Mittelpunkt hin erfährt. Zu der Er-

---

[1]) Der Winkel bei 4 ist nur angenähert α.

Zentralkraft. 107

teilung dieser Beschleunigung ist, wenn die Masse der Kugel m beträgt, die Kraft
$$C = m \cdot r \cdot \omega^2$$
erforderlich. Da C nach dem Zentrum der Kreisbahn hinstrebt, so heißt diese Kraft „Zentripetalkraft" oder kürzer „Zentralkraft". Im vorliegenden Fall wird sie durch den Faden ausgeübt, der ständig die Kugel nach O hin zieht. Der gespannte Faden übt demnach auf den festen Drehpunkt eine der Zentralkraft entgegengesetzt gleiche radial nach außen wirkende Kraft C aus. Diese Gegenkraft nennt man Fliehkraft oder Zentrifugalkraft.[1])

Kegelpendel.

Eine Kugel vom Gewicht Q ist durch eine Stange 1 beweglich an die mit n minutlichen Umgängen laufende senkrechte Spindel 2 angeschlossen. Die Kugel kann sich demnach sowohl um den oberen wagerechten Zapfen 3, als auch mit der Spindel 2 um deren Achse drehen.

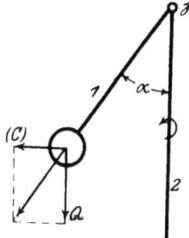

Fig. 130 a. Kräfte am Gestänge.

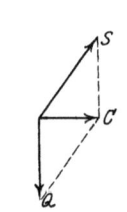

Fig. 130 b. Kräfte an der Kugel.

Das Eigengewicht Q und die von der Stange 1 auf die Kugel ausgeübte Zugkraft S ergeben die Mittelkraft C, d. h. die Zentralkraft, die andauernd die Kugel aus der augenblicklichen Bewegungsrichtung aa nach dem Drehungsmittelpunkt p hin ablenkt.

Demnach übt die Kugel auf das Gestänge die entgegengesetzt gleiche, radial nach außen wirkende Fliehkraft (C) aus. Am Gestänge wirkt ferner das Kugelgewicht Q. Falls deren Mittelkraft

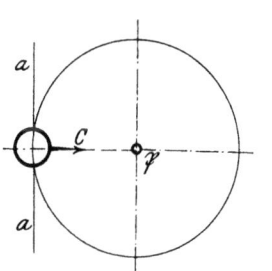

Fig. 130 c. Grundriß der Kugelbahn.

in die Richtung der Stange 1 fällt, bleibt der Winkel α unverändert. Da die Größe von (C) von der Umlaufszahl der Spindel abhängt,

---

[1]) Nach Föppl, Vorlesungen über techn. Mechanik, Band I, § 14.

so wird bei gesteigerter Umlaufzahl der Spindel 2 der Winkel α durch Heben der Stange 1 vergrößert. Bei Verminderung der Umlaufzahl nimmt α ab.

Anwendung findet das Kegelpendel bei den Schwungkugelregulatoren, deren Aufgabe es ist, die Umlaufzahl der Dampfmaschinen möglichst gleich zu erhalten.

Zentralkraft bei dem Kurbelgetriebe.

Bei allen mit einem Kurbelgetriebe arbeitenden Maschinen ist die Bewegung des Gestänges von der Umlaufbewegung der Kurbel abhängig. Aus der Ruhelage in den Totpunkten muß das Gestänge ebenso wie der Kurbelzapfen nach der Kurbelwelle hin beschleunigt werden. Diese Beschleunigung ist

$$p = \frac{v^2}{r}.$$

Die notwendige Beschleunigungskraft ist

$$P = \frac{m \cdot v^2}{r}.$$

Bei Dampf- und Gasmaschinen muß diese Kraft durch den Dampf- oder Gasdruck an den Kolben abgegeben werden. Die Gegenkraft von P wirkt auf den Zylinderdeckel. Sie ist an dem Rahmen der Maschine nicht ausgeglichen und ruft daher eine Verschiebung von Zylinder, Rahmen und Fundament hervor. Je schwerer das Fundament ist, um so geringer wird dessen Verschiebung. Bei fahrbaren Lokomobilen rufen die Gegenkräfte P Erzitterungen der ganzen Maschine hervor.

Beispiel. Bei einer Lokomotive (S. 89) ist die Masse des Triebwerkes (Kolben, Kolbenstange, Kreuzkopf, Schubstange, Kuppelstange) einer Seite $m = 34{,}6$. Der Kurbelhalbmesser ist $r = 315$ mm. Die Umfangsgeschwindigkeit des Kurbelzapfens ist $v = \sim 8$ m/sk. Dann ist die dem Triebwerk zu erteilende Beschleunigungskraft (Zentralkraft):

$$P = \frac{34{,}6 \cdot 8^2}{0{,}315} = \sim 7000 \text{ kg}.$$

Zentrifugen.

Je größer das Gewicht und damit die Masse eines auf einer Kreisbahn umlaufenden Körpers ist, um so größer muß die Zentralkraft sein, die notwendig ist, um den Körper auf der Kreisbahn zu führen. Um so größer ist aber auch der Gegendruck (Fliehkraft), den der umlaufende Körper auf seine Führung ausübt. Bei einer Flüssigkeit, die aus einem leichteren und aus einem schwereren Bestandteil gemischt ist, wird durch schnelle Drehung des Flüssigkeitsbehälters der schwerere Bestandteil der Mischung ständig an die äußere Gefäßwandung gedrängt und kann hierdurch von dem leichteren Bestandteil getrennt werden. Das geschieht in den Zentrifugen,[1]) in denen z. B. bei der Entrahmung der Milch die Magermilch außen und der Rahm innen an der Trommel zum Abfluß gebracht wird.

14. Stoßgesetze.

Ein Stoß tritt auf, wenn ein bewegter Körper gegen einen feststehenden oder wenn zwei bewegte Körper gegeneinander treffen. Dann findet eine mehr oder weniger plötzliche Geschwindigkeitsänderung, also eine sehr bedeutende Verzögerung oder Beschleunigung der bewegten Körper statt. Je plötzlicher die Geschwindigkeitsänderung ist, um so größer ist der hervorgerufene Stoßdruck.[2])

Der Körper von der Masse M bewegt sich mit der Geschwindigkeit C und holt die in der gleichen Richtung mit c bewegte Masse m ein. An der Stoßstelle werden beide Körper abgeplattet. Der Stoßdruck beschleunigt den vorderen und verzögert den nachfolgenden Körper. Im Augenblick der größten Abplattung

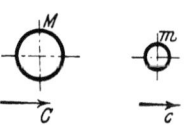

Fig. 131.

bewegen sich beide Körper mit der gemeinsamen Geschwindigkeit u weiter. Die Geschwindigkeitsänderungen in gleichen Zeiten verhalten sich, weil sie beide durch denselben Stoßdruck hervorgerufen sind, umgekehrt wie die betr. Massen:

$$\frac{u-c}{C-u} = \frac{M}{m}.$$

Also:

$$u = \frac{MC + m \cdot c}{m + M}.$$

---

[1]) Siehe Gestalt der Wasseroberfläche S. 120.
[2]) Siehe Dynamisches Grundgesetz S. 89.

Unelastischer Stoß: die größte Abplattung bleibt vollständig erhalten.

Elastischer Stoß: die Abplattung der zusammengestoßenen Körper wird wieder vollständig ausgeglichen. Die Körper dehnen sich wieder bis zu ihrer ursprünglichen Form aus und üben bei dieser Ausdehnung Drücke aufeinander aus. Durch diese wird die Geschwindigkeit des vorderen Körpers weiter bis v gesteigert und die Geschwindigkeit des nachfolgenden Körpers weiter bis V vermindert. Die gesamte Geschwindigkeitsänderung jedes Körpers ist doppelt so groß, als sie unter sonst gleichen Voraussetzungen bei unelastischem Stoße sein würde.

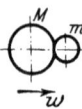

Fig. 132.

Da in Wirklichkeit kein Körper vollständig elastisch oder vollständig unelastisch ist, so werden die betr. Stoßgesetze nur angenähert befolgt.

Bei dem elastischen Stoße geht keine Energie verloren. Es ist demnach:

$$\frac{M}{2} \cdot C^2 + \frac{m}{2} \cdot c^2 = \frac{M}{2} \cdot V^2 + \frac{m}{2} \cdot v^2.$$

Stoßverlust.

Bei dem unelastischen Stoße ist die lebendige Kraft nach dem Stoße kleiner als nach dem elastischen Stoße. Der durch den Stoß hervorgerufene Energieverlust wird zur Formänderung, zur Erzeugung von Wärme und Schall benutzt.

Die lebendige Kraft vor dem Stoße ist:

$$L_1 = \frac{MC^2}{2} + \frac{m \cdot c^2}{2}.$$

Die lebendige Kraft nach dem Stoße ist:

$$L_2 = \frac{(M+m) \cdot u^2}{2}.$$

Technische Anwendungen des Stoßes.
1. Schmieden.

Der getroffene Körper, hier das Schmiedestück, befindet sich in Ruhe. $c = 0$.

Es ist hier:
$$L_1 = \frac{M \cdot C^2}{2};$$

$$u = \frac{M \cdot C}{M+m};$$

$$L_2 = \frac{M+m}{2} \cdot \frac{M^2 \cdot C^2}{(M+m)^2}.$$

Der Stoß-Verlust ist dann:
$$L_1 - L_2 = \frac{M \cdot C^2}{2} \cdot \frac{m}{M+m}.$$

Der „Stoß-Verlust" soll hier möglichst groß sein. Die eingebüßte lebendige Kraft soll zur Formänderung des Schmiedestückes benützt werden. Der Stoß-Verlust ist um so größer, je größer die ruhende gestoßene Masse m des Schmiedestückes, Ambosses und der Schabotte.

2. Einrammen von Pfählen, Einschlagen von Nägeln.

Die getroffenen Körper, Pfahl oder Nagel, befinden sich vor dem Stoße in Ruhe. $c = 0$.

Nach dem Stoße sollen hier stoßender und gestoßener Körper gemeinsam eine möglichst große lebendige Kraft L_2 besitzen und dadurch einen entgegenstehenden Widerstand W auf dem Wege s überwinden: Der Pfahl soll in den Boden, der Nagel soll in das Holz eindringen.

$$\frac{(M+m) \cdot u^2}{2} = \frac{M \cdot C^2}{2} \cdot \frac{M}{M+m} = W \cdot s.$$

Die nach dem Stoße der stoßenden und gestoßenen Masse gemeinsam innewohnende lebendige Kraft ist um so größer, je größer die Masse M des stoßenden Körpers ist.

Wird ein bewegter Körper allmählich aufgehalten, so wird ein Stoß vermieden. Es gibt daher auch keinen Stoßverlust. Bei den Turbinen[1]) wird die lebendige Kraft des zufließenden Wassers auf das Turbinen-Laufrad übertragen. Das Wasser soll ohne Stoß eintreten. Durch Stöße an der Eintrittsstelle würde ein Teil der Arbeitsfähigkeit des Wassers zur Wirbelbildung verbraucht werden, also für die Nutzleistung der Maschine verloren gehen.[2])

---

[1]) Siehe Geschwindigkeitsparallelogramm S. 84.
[2]) Strahldruck. S. 129.

Dynamik.

Beispiel. Ein Eisenbahnwagen vom Gewicht $Q = 15\,000$ kg ($M = 1530$) bewegt sich mit der Geschwindigkeit $C = 2{,}2$ m/sk und trifft auf einen anderen vor ihm in der gleichen Richtung mit $c = 1{,}67$ m/sk laufenden Wagen vom Gewichte $q = 12\,000$ kg ($m = 1225$).

Die lebendige Kraft des Wagens vom Gewichte Q ist:

$$L_1 = \frac{1530 \cdot 2{,}2^2}{2} = \sim 3700 \text{ mkg.}$$

Die lebendige Kraft des Wagens vom Gewichte q ist:

$$L_2 = \frac{1225 \cdot 1{,}67^2}{2} = 1710 \text{ mkg,}$$

$$L_1 + L_2 = 5410 \text{ mkg.}$$

Bei der größten Zusammendrückung der Pufferfedern bewegen sich beide Wagen mit der gemeinsamen Geschwindigkeit:

$$u = \frac{M \cdot C + m \cdot c}{M + m} = \frac{1530 \cdot 2{,}2 + 1225 \cdot 1{,}67}{1530 + 1225},$$

$$u = 1{,}965 \text{ m/sk.}$$

In diesem Augenblick besitzen die beiden Wagen zusammen die lebendige Kraft:

$$\frac{M+m}{2} \cdot u^2 = \frac{2755 \cdot 1{,}965^2}{2} = \sim 5320 \text{ mkg,}$$

d. h. die lebendige Kraft ist kleiner als am Anfang und am Ende der Stoßperiode. Ein Teil des Arbeitsvermögens, und zwar

$$5410 - 5320 = 90 \text{ mkg,}$$

ist in den gespannten Pufferfedern aufgespeichert.

$$\frac{M}{m} = \frac{1530}{1225} = \frac{5}{4} = \frac{u-c}{C-u} = \frac{0{,}295}{0{,}235}.$$

Am Ende des Stoßes hat der voranlaufende Wagen die Geschwindigkeit:

$$v = 1{,}67 + 2 \cdot 0{,}295 = 2{,}26 \text{ m/sk,}$$

der nachfolgende Wagen hat die Geschwindigkeit:

$$V = 2{,}2 - 2 \cdot 0{,}235 = 1{,}73 \text{ m/sk.}$$

Stoßgesetze.

Am Ende des Stoßes sind die lebendigen Kräfte:
des vorlaufenden Wagens:

$$L_2' = \frac{1225 \cdot 2{,}26^2}{2} = 3120 \text{ mkg},$$

des nachlaufenden Wagens:

$$L_1' = \frac{1530 \cdot 1{,}73^2}{2} = 2290 \text{ mkg}.$$

Also ist:
$$L_1' + L_2' = 2290 + 3120 = 5410 \text{ mkg}.$$

V. Hydraulik.
Mechanik der Flüssigkeiten.
A. Statik der Flüssigkeiten.

Eine Flüssigkeit hat keine bestimmte Form. Eine in ein Gefäß eingeschlossene Flüssigkeit kann wohl Druckkräfte, nicht aber Zug- oder Schubkräfte aufnehmen.

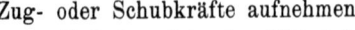

Fig. 133.

Befindet sich eine Flüssigkeit in Ruhe, so bildet ihre Oberfläche eine wagerechte Ebene. In kommunizierenden Röhren stehen beide Wasserspiegel in der gleichen Ebene.

1. Druckübertragung durch Flüssigkeiten.

Wird auf eine eingeschlossene Flüssigkeit durch einen Kolben an irgend einer Stelle ein Druck P_1 ausgeübt, so wird dieser durch

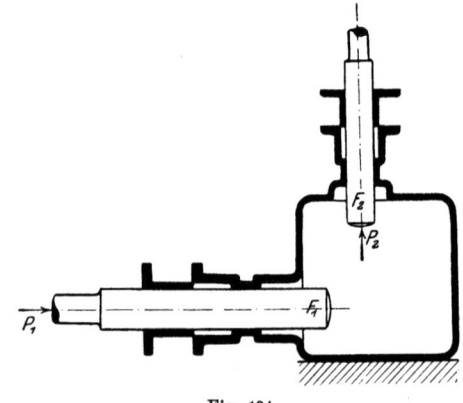

Fig. 134.

die Flüssigkeit nach allen Richtungen hin gleichmäßig übertragen. Jeder Kolben von derselben Fläche empfängt den gleichen Druck P_1. Bei einer Kolbenfläche von F_1 qcm entfällt demnach auf 1 qcm der Druck

Statik der Flüssigkeiten.

$$p = \frac{P_1}{F_1}.$$

Der Kolben von der Fläche F_2 erhält demnach den Druck

$$P_2 = p \cdot F_2.$$

Hydraulische Presse.

Die Kolben tauchen in Zylinder ein, die durch Rohrleitungen miteinander verbunden sind.

Auf den Kolben I wird der Druck

$$P_1 = p \cdot f_1$$

ausgeübt. Auf jedes Quadratzentimeter der die Flüssigkeit einschließenden Wandungen wird demnach der Flächendruck p übertragen. Also wirkt auf den Kolben II vom Querschnitt F der Druck

$$P_2 = p \cdot f_2.$$

Die Flächendrücke sind gleich.

Es verhalten sich die Kolbenkräfte wie die Kolbenflächen:

$$\frac{P_1}{P_2} = \frac{f_1}{f_2} = \frac{d^2}{D^2}.$$

Im Akkumulator wird der mit Gewichten belastete Kolben (D) durch den Wasserdruck gehoben, welcher mittels Preßpumpe erzeugt ist. Der Wasserdruck bleibt auch

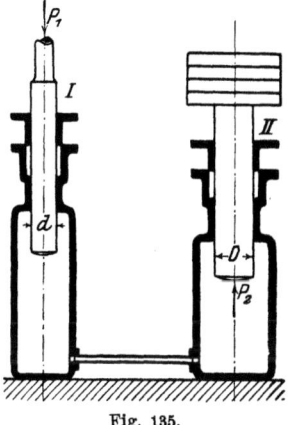

Fig. 135.

nach Abstellung der Preßpumpe erhalten, solange der Gewichtskolben vom Wasser getragen wird.

Steigerung der Wasserpressung.
(Multiplikator.)

Zwei Kolben arbeiten in getrennten Zylindern.

Die beiden Kolbenkräfte sind gleich:

$$P_1 = P_2.$$

f_1 ist die Fläche des Kolbens I,
f_2 „ „ „ „ „ II,
p_1 „ der Wasserdruck auf 1 qcm im unteren Zylinder,
p_2 „ „ „ „ 1 „ „ oberen „ .

$$P_1 = f_1 \cdot p_1,$$
$$P_2 = f_2 \cdot p_2.$$

Die Kolbenkräfte sind gleich:
$$P_1 = P_2.$$

Also verhält sich:
$$\frac{p_1}{p_2} = \frac{f_2}{f_1}.$$

Die Flächendrücke verhalten sich hier umgekehrt wie die Flächen.

Beispiel. Auf den großen Kolben eines Multiplikators vom Durchmesser $d_1 = 300$ mm wirkt der Wasserleitungsdruck $p_1 = 3$ at (abs.).

$$P_1 = p_1 \cdot \frac{\pi \cdot d_1^2}{4} = \sim 2120 \text{ kg}.$$

Der Druck soll auf 50 at Überdruck gesteigert werden: $p_2 = 51$ at (abs.).

$$f_2 = \frac{2120}{51} = 41{,}6 \text{ qcm},$$

gewählt:
$$d_2 = 73 \text{ mm},$$
$$f_2 = 41{,}85 \text{ qcm},$$
$$p_2 = \sim 51 \text{ at (abs.)}.$$

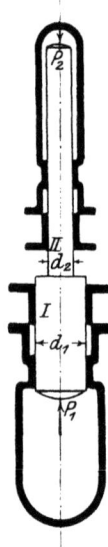

Fig. 136.

2. Bodendruck und Seitendruck.

Bodendruck.

In einem geraden zylindrischen oder prismatischen Gefäße vom Querschnitt f ruht das ganze Wassergewicht auf dem Boden. Daher ist der Bodendruck:

$$\boldsymbol{P = s \cdot f \cdot h}.$$

f ist in qdm, h in dm gemessen. s bedeutet das spezifische Gewicht. Für Süßwasser ist:
$$s = 1.$$

Die Form der Fläche und die Form des Gefäßes sind hierbei gleichgültig.

Statik der Flüssigkeiten. 117

In den beiden durch Fig. 138 u. 139 bezeichneten Gefäßen I und II ist der Bodendruck:

$$P_1 = f_1 \cdot h,$$
$$s = 1,$$
$$P_2 = f_2 \cdot h.$$

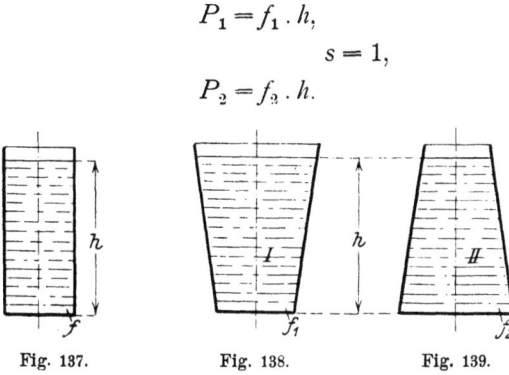

Fig. 137.   Fig. 138.   Fig. 139.

Seitendruck.

Auf einen schmalen Streifen von der Größe f wirkt der Druck:

$$p = s \cdot f \cdot y,$$
$$(s = 1),$$

wenn dieser Streifen um y unter dem Wasserspiegel liegt. Hierbei ist es gleichgültig, ob dieser Streifen der Seitenwand oder dem Boden angehört. Wird die Seitenwand in viele, z. B. 10, solche Streifen zerlegt, so sind die einzelnen Drücke:

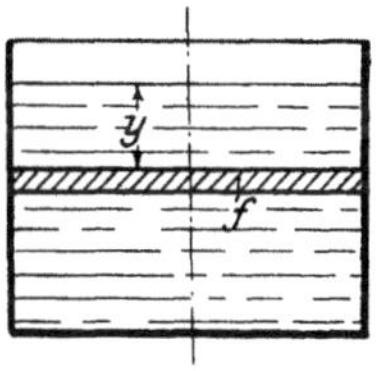

$$p_1 = s \cdot f_1 \cdot y_1,$$
$$p_2 = s \cdot f_2 \cdot y_2,$$
$$\overline{p_{10} = s \cdot f_{10} \cdot y_{10}.}$$

Fig. 140.

Der Druck auf die ganze Seitenwand ist

$$P = p_1 + p_2 + p_3 + p_4 + \ldots \ldots p_{10},$$
$$= s \cdot (y_1 \cdot f_1 + y_2 \cdot f_2 + y_3 \cdot f_3 + \ldots \ldots y_{10} \cdot f_{10}).$$

Der eingeklammerte Wert ist die Summe der statischen Momente der einzelnen Streifen in bezug auf den Schnitt der Seitenfläche mit dem Wasserspiegel. Diese Summe ist nach dem Momentensatz gleich dem statischen Momente des Ganzen in bezug auf die gleiche Achse. Also ist:

$$\boldsymbol{P = s \cdot y_0 \cdot F.}$$

Hierin ist:

F = Größe der Seitenfläche in qdm,
y_0 = Abstand des Schwerpunktes der Seitenfläche von OO in dm,
s = das spezifische Gewicht des Wassers ($= 1$).

Es ist:

Wasserdruck auf eine Fläche = Flächengröße × lotrechter Abstand des Flächenschwerpunktes vom Wasserspiegel.

P ist der hydrostatische, auf die betrachtete Fläche wirkende Druck. Außer dem hydrostatischen wirkt noch auf die Fläche der atmosphärische Druck $p = 1$ kg/qcm. Der atmosphärische Druck wirkt aber von innen und von außen. Druck und Gegendruck heben sich gegenseitig auf.

Der hydrostatische Druck ist also der Überdruck über dem atmosphärischen Druck.

Beispiel. Eine Schleuse hat $b = 10$ m Breite. Auf der einen Seite des Hubtores der Schleuse beträgt die Wassertiefe $h_1 = 6$ m, auf der anderen Seite ist die Wassertiefe $h_2 = 3$ m.

Auf der ersten Seite ist der Wasserdruck:

$$P_1 = 100 \cdot 60 \cdot 30 = 180000 \text{ kg.}$$

Auf der anderen Seite ist der Wasserdruck:

$$P_2 = 100 \cdot 30 \cdot 15 = 45000 \text{ kg.}$$

Der von den Führungen des Tores aufzunehmende Überdruck ist:

$$P_1 - P_2 = 180000 - 45000 = 135000 \text{ kg.}$$

3. Auftrieb.

Auf den eingetauchten Körper vom Querschnitt f wirken nach Fig. 141 die Wasserdrücke:

1. von oben:
$$f \cdot h_1,$$
2. von unten:
$$f \cdot h_2.$$

Beide ergeben die nach aufwärts gerichtete Mittelkraft:

$$A = f \cdot (h_2 - h_1).$$

A heißt der **Auftrieb**.

Statik der Flüssigkeiten. 119

Der Auftrieb ist gleich dem Gewichte des durch den eingetauchten Körper verdrängten Wassers.

Das Seil, an welchem der Körper nach der Fig. 141 aufgehangen ist, wird durch das Eintauchen um den Auftrieb entlastet. („Der Körper verliert scheinbar an Gewicht".)

Der Angriffspunkt des Auftriebes liegt im Schwerpunkte der verdrängten Wassermasse.

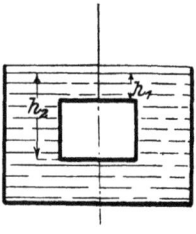

Das Schwimmen der Körper.

Ein Körper schwimmt, wenn der Auftrieb gleich ist dem Gewichte des Körpers. Dann ist das Gewicht des verdrängten Wassers gleich dem Gewichte des Körpers.

Fig. 141.

Der schwimmende Körper befindet sich im stabilen[1]) Gleichgewichte, wenn sein Schwerpunkt senkrecht unter dem Schwerpunkt der verdrängten Wassermasse ist.

Die Gleichgewichtslage des schwimmenden Körpers kann indes auch bei höher gelegenem Körperschwerpunkt ein stabile sein.

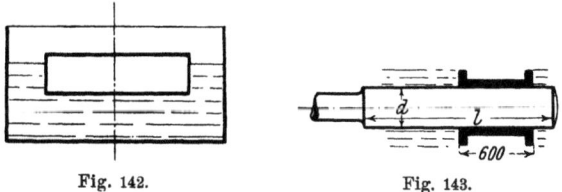

Fig. 142. Fig. 143.

Beispiel. Ein Tauchkolben von $l = 1600$ mm Länge und $d = 360$ mm Durchmesser hat $Q = 200$ kg Gewicht. Der Kolben ist auf 600 mm Länge geführt.

Auf den überragenden Teil des Tauchkolbens wirkt der Auftrieb:

$$A = \frac{\pi \cdot d^2}{4} \cdot (l - 6) = \sim 100 \text{ kg},$$

d und l in Dezimeter gemessen.

Die Führung $60 \cdot 36 = 2160$ qcm hat den Druck

aufzunehmen:
$$Q - A = 100 \text{ kg}$$
$$k_d = 0{,}046 \text{ kg/qcm}.$$

---
[1]) Siehe S. 17.

120 Hydraulik. Mechanik der Flüssigkeiten.

4. Gestalt der Wasser-Oberfläche.

Die Ebene der Wasser-Oberfläche an irgend einem Punkte steht senkrecht zu der Mittelkraft sämtlicher an dem Punkte wirkender Kräfte.

1. Ruhendes Wasser.

Es wirkt nur die Schwerkraft. Der Wasserspiegel ist wagerecht.

2. Wasser in einem beschleunigten Gefäße.

(Beschleunigung nach Richtung des Pfeiles.)

Beispiel. Anfahrender Tender (Fig. 144).

Irgend ein beliebiges Wasserteilchen von der Masse m drückt auf das unter ihm liegende Wasserteilchen mit der Kraft

$$m \cdot g.$$

Auf das rechts in der Figur von m befindliche Wasserteilchen wirkt der Gegendruck

$$m \cdot q.$$

Trägheitswiderstand, der gleich ist der zur Beschleunigung q der Masse m erforderlichen Kraft.

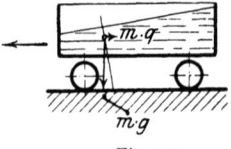
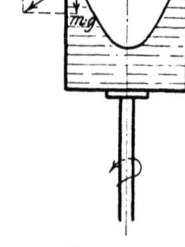

Fig. 144. Fig. 145.

Der Wasserspiegel stellt sich senkrecht zu der Richtung der Mittelkraft. Bei eintretender Verzögerung neigt sich der Wasserspiegel nach der entgegengesetzten Richtung.

3. Wasser in einem gleichmäßig umlaufenden Gefäße.

Wirksame Kräfte:
1. Schwerkraft $m \cdot g$.
2. Zentrifugalkraft[1]) $m \cdot r \cdot \omega^2$.

Die Wasser-Oberfläche bildet ein Umdrehungs-Paraboloid, entstanden durch Drehung einer Parabel um deren Achse.

---

[1]) Siehe S. 106.

B. Dynamik der Flüssigkeiten.
1. Wasserbewegung durch Leitungen usw.

Durch den Sitzquerschnitt f_1 eines Tellerventiles fließt das Wasser mit der Geschwindigkeit v_1. Dann ist die in 1 sk hindurchgeflossene Wassermenge:

$$q_1 = f_1 \cdot v_1,$$
$$f_1 = \frac{\pi \cdot d^2}{4}.$$

Das zufließende Wasser muß zwischen dem Sitze und dem gehobenen Ventilteller durch den Spaltquerschnitt

$$f_2 = \pi \cdot d \cdot s$$

abfließen. Damit der Zusammenhang des Wasserstromes gewahrt bleibt, muß die zufließende Wassermenge gleich der abfließenden sein:

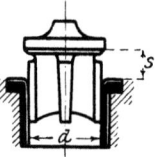

Fig. 146.

$$f_1 \cdot v_1 = f_2 \cdot v_2 = q,$$

$v_2 =$ Wassergeschwindigkeit im Spaltquerschnitt.

Also:
$$\frac{f_1}{f_2} = \frac{v_2}{v_1}.$$

Die Wassergeschwindigkeiten in den verschiedenen Querschnitten einer Leitung verhalten sich umgekehrt wie die Querschnitte.

Beispiel. Ein Pumpenkolben vom Durchmesser $d_1 = 85$ mm hat die größte Geschwindigkeit $c = 0,8$ m/sk. Das Tellerventil hat den Durchmesser $d_2 = 50$ mm und den Hub $s = 12$ mm.

Der Spaltquerschnitt ist:

$$\pi \cdot d_2 \cdot s = 15{,}7 \cdot 1{,}2 = 18{,}84 \text{ qcm}.$$

Der Kolbenquerschnitt ist:

$$\frac{\pi \cdot d_1^2}{4} = 56{,}74 \text{ qcm}.$$

Die der größten Kolbengeschwindigkeit im Spalt entsprechende Wassergeschwindigkeit ist:

$$v = 0{,}8 \cdot \frac{56{,}74}{18{,}84} = 2{,}4 \text{ m/sk}.$$

2. Ausflußgeschwindigkeit.

Fließt das Wasser unter dem Einfluß eines Gefälles h aus, so wäre die Ausflußgeschwindigkeit:

$$v_t = \sqrt{2gh},$$

falls das Wasser auf seinem Wege keine Widerstände zu überwinden hätte. In Wirklichkeit treten Widerstände (Reibung an den Rohrwandungen, Richtungs- und Querschnittsänderungen usw.) auf. Die wirkliche Ausflußgeschwindigkeit ist deshalb geringer, nämlich:

$$v_w = \varphi\sqrt{2gh}.$$

Die Größe von φ (Geschwindigkeitskoeffizient) ist abhängig von dem Zustand der Leitung und der Form der Mündung.

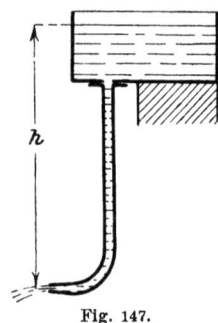

Fig. 147.

Die Höhe, gemessen in Meter Wassersäule, welche zur Überwindung der in der Leitung auftretenden Widerstände erforderlich ist, heißt **Widerstandshöhe** oder **Gefällverlust**.

Beispiel. Einem Tangentialrade fließt aus $h = 100$ m Gefälle das Wasser mit $v_w = 42$ m/sk Geschwindigkeit zu. Die theoretische Zuflußgeschwindigkeit wäre:

$$v_t = \sqrt{2 \cdot 9{,}81 \cdot 100} = 44{,}3 \text{ m/sk,}$$

der Geschwindigkeitskoeffizient ist:

$$\varphi = \frac{42}{44{,}3} = 0{,}95,$$

der vorhandenen Wassergeschwindigkeit v_w entspricht ein Gefälle:

$$h' = \frac{v_w^2}{2g} = \frac{1764}{19{,}62} = 90 \text{ m,}$$

$h - h' = 10$ m ist die Widerstandshöhe der Leitung.

3. Ausflußquerschnitt. Zusammenziehung des austretenden Wasserstrahles.

Das Wasser fließt der Öffnung vom Querschnitt f von allen Seiten aus zu. Daraus ergibt sich, daß der Strahlquerschnitt f_1 kleiner ist als f:

$$\frac{f_1}{f} = \alpha.$$

α heißt der Kontraktionskoeffizient.

Dynamik der Flüssigkeiten. 123

Ausflußmenge.

Theoretisch ergibt sich:
$$Q_t = f \cdot v_t.$$
In Wirklichkeit ist:
$$Q = f_1 \cdot v_w,$$
$$Q = \mu \cdot Q_t.$$
μ heißt der Ausflußkoeffizient:
$$\mu = \varphi \cdot \alpha.$$

4. Pressungsenergie des Wassers.

In einem Akkumulator steht das Wasser unter einem Druck von 2 at abs. Es wird einer Wassersäulenmaschine von 1 qdm Kolbenfläche und 1 dm Hub zugeführt. Bei einem Hube wird also 1 l Preßwasser verbraucht. Auf die Gegenseite des Kolbens wirkt atmosphärischer Druck. Am Hubende wird das Preßwasser durch die Steuerung ausgelassen, kommt dann also unter den Druck von 1 at. Die den Kolben treibende Kraft ist:
$$200 - 100 = 100 \text{ kg};$$
die hierbei geleistete Arbeit
$$A = 100 \text{ kg} \cdot 0{,}1 \text{ m} = 10 \text{ mkg}$$
wird also geleistet, indem 1 l Preßwasser einen Pressungsabfall von 1 at erleidet.

1 l Wasser, das unter atmosphärischer Pressung steht, besitzt demnach auch 10 mkg Energie, die ihm entzogen werden könnten, dadurch, daß es einen Kolben in einen luftleeren Raum hineindrückt.

Zu beachten ist, daß das Preßwasser nicht von sich aus arbeitsfähig ist, wie z. B. ein abgeschlossenes Kilogramm Dampf. Das Wasser dient vielmehr als Mittel zur Druckübertragung.

Die in einem Preßwasser-Akkumulator aufgespeicherte Energiemenge ist abhängig vom Rauminhalt des Akkumulators v und von der Wasserpressung p (Überdruck). Sie wird gemessen in Literatmosphären (lat.)

Beispiel. Ein Preßwasserakkumulator hat einen Inhalt von 500 l. Der Überdruck des Preßwassers beträgt $p = 50$ at. Die aufgespeicherte Energie ist dann
$$500 \cdot 50 = 25\,000 \text{ lat}$$
oder
$$250\,000 \text{ mkg}.$$

124 Hydraulik. Mechanik der Flüssigkeiten.

5. Hydraulischer Druck.

Der Druck, den das durch eine Rohrleitung fließende Wasser auf die Rohrwandung ausübt, heißt hydraulischer Druck. Er ist geringer als der an derselben Stelle unter dem gleichen Gefälle ausgeübte hydrostatische Druck, der bei ruhendem Wasser wirksam ist. In der Ruhelage besitzt das Wasser Energie vermöge seines Druckes. Pressungs-Energie. Es kann z. B. in einem an das Rohr angeschlossenen Zylinder einen Kolben verschieben und dadurch einen Widerstand überwinden, also Arbeit leisten. Wenn aber das Wasser mit der dem Gefälle entsprechenden Geschwindigkeit am tiefsten Punkte durch eine wagerechte Leitung fließt, so besitzt es seine ganze Energie als Bewegungsenergie. Es übt dann keinen Überdruck auf die Rohrwandungen aus. Wenn die Wassergeschwindigkeit kleiner ist als die dem betr. Gefälle entsprechende Geschwindigkeit, so erleiden die Rohrwände einen inneren Überdruck. Wenn die Wassergeschwindigkeit an einer Stelle größer ist als die dem betr. Gefälle entsprechende Geschwindigkeit, so ist der im Inneren der Leitung an dieser Stelle auftretende Druck ein Unterdruck (Saugdruck, kleiner als atmosphärischer Druck).

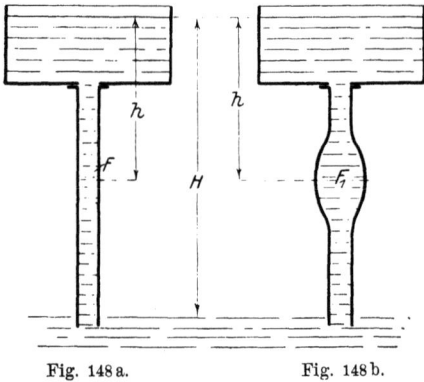

Fig. 148 a. Fig. 148 b.

Der in der Fig. 148 a angedeutete Hochbehälter ist durch ein an allen Stellen gleich weites Fallrohr mit dem Unterwasser verbunden. Ober- und Unterwasser-Spiegel seien durch Zu- und Abfluß auf gleicher Höhe erhalten. Die Ausflußgeschwindigkeit des Wassers aus dem Rohre ist:

$$v = \sqrt{2g \cdot H}.$$

Angenommen:

$$\varphi = 1.$$

In gleichen Zeiten fließen durch alle Querschnitte der Leitung gleiche Wassermengen hindurch. Daher sind hier in allen Quer-

Dynamik der Flüssigkeiten.

schnitten gleiche Wassergeschwindigkeiten vorhanden. Also ist auch im Querschnitt F:
$$v = \sqrt{2g \cdot H},$$
$$H = \frac{v^2}{2g}.$$

Dem Gefälle h würde nur entsprechen:
$$v_1 = \sqrt{2g \cdot h},$$
$$h = \frac{v_1^2}{2g}.$$

Die hydraulische Druckhöhe ist gleich der hydrostatischen Druckhöhe, vermindert um die Geschwindigkeitshöhe und vermindert um die Widerstandshöhe.

Durch die in der Rohrleitung enthaltenen Widerstände wird ein Teil der hydrostatischen Druckhöhe aufgenommen.

Der hydraulische Druck an dieser Stelle ist also ein Saugdruck, d. h. kleiner als atmosphärischer Druck. Es ist hierbei angenommen, daß das Wasser in dem Hochbehälter keine Geschwindigkeit besitzt.

1 kg des am Oberwasser-Spiegel in dem Hochbehälter befindlichen Wassers besitzt Arbeitsfähigkeit ausschließlich insofern, als es das zur Verfügung stehende Gefälle H durchfallen kann: Energie der Lage.

In der Ebene des Unterwasser-Spiegels besitzt dasselbe Wasser keine Energie der Lage mehr, dafür aber Energie der Bewegung oder lebendige Kraft.

Wenn das Fallrohr an einer Stelle im Querschnitt F_1 eine Erweiterung besitzen würde derart, daß die Geschwindigkeit an dieser Stelle kleiner würde als die dem Gefälle h entsprechende Fallgeschwindigkeit, also
$$v_2 < \sqrt{2g \cdot h},$$
so besitzt 1 kg Wasser an dieser Stelle Energie in 3 verschiedenen Formen:
1. Energie der Lage. Das Kilogramm Wasser befindet sich noch um $H - h$ über dem Unterwasser, kann also auch noch diese Höhe durchfallen.
2. Lebendige Kraft infolge seiner an dieser Stelle vorhandenen Geschwindigkeit.
3. Pressungsenergie infolge des hydraulischen Druckes.

Hydraulik. Mechanik der Flüssigkeiten.

Der hydraulische Druck kann in der gleichen Höhe verschieden sein, wenn die Querschnitte verschiedene Größe besitzen.

Die Geschwindigkeit in dem kleinen Querschnitte F_2 ist größer als diejenige im Querschnitt F_1. Daher ist der hydraulische Druck in F_2 durch Verkleinerung des Querschnittes verkleinert (Fig. 149).

Anwendung: Ejektor.

Beispiel (Fig. 149):

$$H = 6 \text{ m}, \qquad h = 2 \text{ m}.$$

Der Hochbehälter ist im Verhältnis zum Rohrquerschnitt sehr groß angenommen. Das Wasser im Hochbehälter befindet sich in Ruhe. Das Abflußrohr hat den Durchmesser:

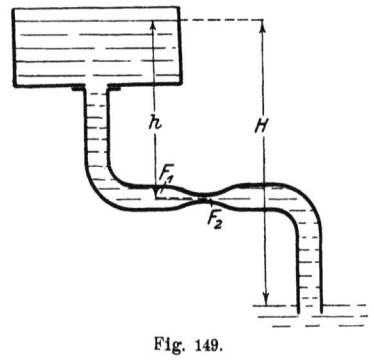

Fig. 149.

$$d_1 = 100 \text{ mm}$$

und den Querschnitt:

$$f_1 = 78{,}53 \text{ qcm}.$$

Die Ausflußgeschwindigkeit ist:

$$v_1 = \sqrt{2\,g\cdot H} = 10{,}8 \text{ m/sk}.$$

Es ist angenommen, daß das Wasser auf seinem Wege keine Widerstände zu überwinden hat, also an Arbeitsfähigkeit nichts einbüßt. Mit Rücksicht auf die angedeutete Querschnittsverengerung würde das in Wahrheit nicht zutreffen.

In der Tiefe

$$h = 2 \text{ m}$$

ist ein Querschnitt

$$f_2 = 55{,}4 \text{ qcm},$$
$$d_2 = 84 \text{ mm}$$

angenommen. Hier ist also die Wassergeschwindigkeit:

$$v_2 = v_1 \cdot \frac{78{,}53}{55{,}4} = 15{,}35 \text{ m/sk}.$$

Die Energie von 1 kg Wasser in diesem engen Querschnitt ist demnach:

Dynamik der Flüssigkeiten. 127

1. Lebendige Kraft $\frac{m}{2} \cdot v_2^2 = \frac{1}{9{,}81 \cdot 2} \cdot 15{,}35^2 = 12$ mkg.
2. Energie der Lage 1 kg . 4 m . . . . . . = 4 „
3. Pressungsenergie . . . . = 0 „
   = 16 mkg.

Die Gesamtenergie kann hier nicht größer sein als oben am Oberwasserspiegel.

Energie von 1 kg Wasser am Oberwasserspiegel:
1. Energie der Lage 1 kg . 6 m = 6 mkg.
2. Lebendige Kraft . . . . . = 0 „
3. Pressungsenergie . . . . = 10 „
   = 16 mkg.

Energie von 1 kg Wasser am Auslauf in der Höhe des Unterwasserspiegels:

1. Energie der Lage . . . . = 0 mkg,
2. Lebendige Kraft $\frac{m}{2} \cdot v_1^2 = \frac{1}{9{,}81 \cdot 2} \cdot 10{,}8^2 = 6$ „
3. Pressungsenergie . . . . = 10 „
   = 16 mkg.

6. Reaktionsdruck.[1]

Aus einer Rohrleitung vom Ausflußquerschnitt f fließt das Wasser mit der Geschwindigkeit v aus. Die in 1 sk ausfließende Wassermasse ist dann:

$$m = \frac{f \cdot v \cdot s}{g} \cdot 10, \qquad \mu = 1 \text{ angenommen.}$$

f ist gemessen in qdm,
v „ „ „ m/sk.

$$m \cdot v = \frac{\text{Masse}}{\text{sk}} \cdot \frac{\text{Meter}}{\text{sk}} = \text{Masse} \cdot \frac{\text{Meter}}{\text{sk}^2} = \text{Masse} \times \text{Beschleunigung}.$$

$m \cdot v$ ist demnach gleich derjenigen Kraft, die notwendig ist, um in 1 sk die Masse m zum Ausfluß zu bringen. Die gleichgroße entgegengesetzt gerichtete Kraft wird als Reaktionsdruck auf die Rohrleitung ausgeübt:

$$P = m \cdot v = \frac{f \cdot v^2}{g} \cdot s \cdot 10.$$

---
[1] Stephan, Die technische Mechanik II, S. 216.

128　Hydraulik. Mechanik der Flüssigkeiten.

Wenn h das Gefälle in m bedeutet, so ist:

$$\frac{v^2}{g} = 2 \cdot h, \quad \mu = 1,$$

$$s = 1.$$

Der hydrostatische Druck auf die verschlossene Ausflußöffnung ist:

$$P_0 = f \cdot h \cdot 10,$$

$$\boldsymbol{P = 20 \cdot h \cdot f = 2\, P_0.}$$

Der Reaktionsdruck P ist entgegengesetzt gleich dem doppelten hydrostatischen Druck, der bei dem gleichen Gefälle auf den Verschluß der Ausflußöffnung wirkt.

Genauer ist:

$$\boldsymbol{P = 2\, \mu \cdot \varphi \cdot P_0.}$$

Es bedeutet:

P den Reaktionsdruck,
P_0 „ hydrostatischen Druck.

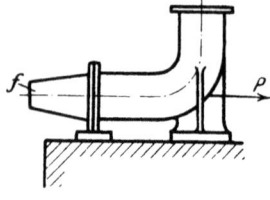
Fig. 150.

Beispiel. Zuflußleitung eines Tangentialrades. Gefälle $h = 100$ m. Ausflußöffnung $f = 0{,}78$ qdm, entsprechend dem Durchmesser $d = 100$ mm. Hydrostatischer Druck auf den Verschluß der Ausflußöffnung:

$$P_0 = 780 \text{ kg.}$$

Theoretisch ist:
Ausflußgeschwindigkeit:

$$v_t = 44{,}3 \text{ m/sk,}$$

sekundl. Ausflußvolumen:

$$f_t \cdot v_t = 0{,}78 \cdot 443 = 346 \text{ l,}$$

sekundl. Ausflußmasse:

$$m_t = \frac{346}{9{,}81} = 35{,}3,$$

Reaktionsdruck:

$$P_t = m_t \cdot v_t = 35{,}3 \cdot 44{,}3 = 1560 \text{ kg.}$$

Tatsächlich ist:

Kontraktionskoeffizient . . . . . $\alpha = 0{,}99$,
Geschwindigkeitskoeffizient. . . $\varphi = 0{,}95$,
Ausflußkoeffizient . . . . $\mu = \alpha \cdot \varphi = 0{,}94$,

Dynamik der Flüssigkeiten.

Ausflußquerschnitt:
$$f_1 = 0{,}78 \cdot 0{,}99 = 0{,}77 \text{ qdm,}$$

Ausflußgeschwindigkeit:
$$v_w = \varphi \cdot v_t = \sim 42{,}1 \text{ m/sk,}$$

sekundl. Ausflußvolumen:
$$\alpha \cdot f_t \cdot \varphi \cdot v_t = 324 \text{ l,}$$

sekundl. Ausflußmasse:
$$m = \frac{324}{9{,}81} = 33{,}1,$$

Reaktionsdruck:
$$P = m \cdot v = 33{,}1 \cdot 42{,}1 = 1390 \text{ kg,}$$
$$\frac{P}{P_t} = 0{,}892 = \mu \cdot \varphi.$$

7. Strahldruck.[1]

Strahldruck gegen eine feste Wand.

Ein zusammenhängender Wasserstrahl, der gegen eine ruhende, ihm senkrecht entgegenstehende Wand strömt, übt auf die Wand einen Strahldruck aus, der gleich ist dem aus der sekundlich zufließenden Wassermasse und deren Geschwindigkeit zu berechnenden Reaktionsdruck. Die gesamte Energie wird zur Formänderung des Wasserstrahles verbraucht. (Fig. 151.)

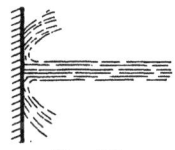
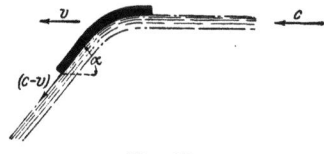

Fig. 151.   Fig. 152.

Strahldruck gegen eine bewegliche Schaufel.

Ein mit der Geschwindigkeit c fließender Wasserstrahl holt eine in der gleichen Richtung mit der Geschwindigkeit v sich bewegende Schaufel ein.

Annahme:
$$c > v.$$

---

[1] Nach „Hütte" I, S. 288.

Vogdt, Mechanik.

Hydraulik. Mechanik der Flüssigkeiten.

Die Relativgeschwindigkeit des Wassers gegenüber der Schaufel ist an der Eintrittsstelle

$$c - v.$$

Das Wasser wird durch den Gegendruck der Schaufel allmählich abgelenkt. Der Druck des Wassers auf die Schaufel treibt diese in der Bewegungsrichtung an. Es ist angenommen, daß die Schaufel nur in der Richtung von v sich bewegen kann. Das ist der Fall, wenn die Schaufel am Umfang eines Rades befestigt ist. Wenn die Schaufelfläche glatt ist, so tritt das Wasser auch mit der Relativgeschwindigkeit $c - v$ aus der Schaufel aus. Das Wasser ist an der Ausflußstelle aber um den Winkel α aus seiner ursprünglichen Richtung abgelenkt. Nach Richtung von v ist hier die Seitengeschwindigkeit der Relativgeschwindigkeit:

$$(c - v) \cdot \cos \alpha.$$

Pro 1 sk fließe die Masse m an der Schaufel entlang.[1]) Nach dem Gesetze

$$P = m \cdot p$$

ergibt sich der vom Wasser auf die Schaufel in der Bewegungsrichtung ausgeübte Druck:

$$P = m \cdot (c - v) \cdot (1 - \cos \alpha).$$

Für

$$\alpha = 90^0,$$

d. h. rechtwinklige Ablenkung des Wasserstrahles, ist

$$\cos \alpha = 0,$$
$$P = m \cdot (c - v).$$

Für

$$\alpha = 180^0$$

ist

$$\cos \alpha = -1,$$
$$P = 2 m \cdot (c - v).$$

Durch die Umlenkung des Wasserstrahles läßt sich der Schaufeldruck verdoppeln.

Das ist annähernd der Fall bei den Schaufeln der Peltonräder. Die Richtung der Relativbewegung des Wassers wird hier annähernd umgekehrt. Der von dem durchströmenden Wasser auf

---

[1]) Siehe Reaktionsdruck.

Dynamik der Flüssigkeiten. 131

die Schaufel ausgeübte Druck wird dadurch vergrößert. Die vom Wasser auf die Schaufel übertragene Arbeit wird am größten, wenn

$$v = \frac{c}{2}.$$

Dann besitzt das Wasser nach dem Durchfließen der Schaufel keine absolute Geschwindigkeit, also auch keine lebendige Kraft mehr. Es hat sein ganzes Arbeitsvermögen

$$\frac{m \cdot c^2}{2}$$

an die Schaufel und damit an das Rad abgegeben.

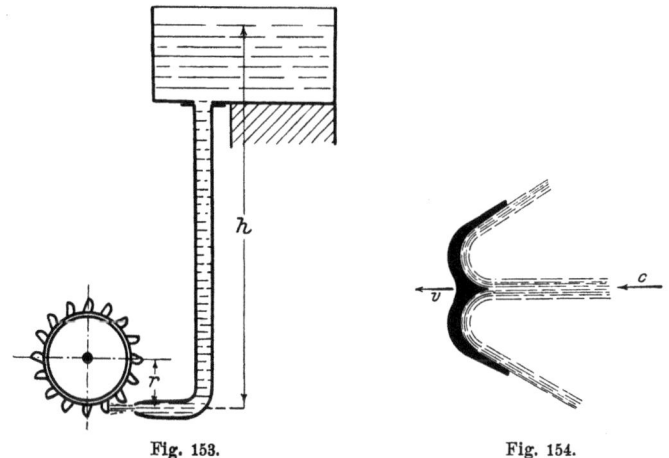

Fig. 153. Fig. 154.

Wenn die Schaufelgeschwindigkeit gleich der Wassergeschwindigkeit wäre, so könnte das Wasser die Schaufel gar nicht einholen, also auch keine Arbeit auf sie übertragen.

Verlag von Julius Springer in Berlin.

Festigkeitslehre nebst Aufgaben aus dem Maschinenbau und der Baukonstruktion. Ein Lehrbuch für Maschinenbauschulen und andere technische Lehranstalten sowie zum Selbstunterricht und für die Praxis. Von **Ernst Wehnert**, Ingenieur und Lehrer an der Städt. Gewerbe- und Maschinenbauschule in Leipzig.

I. Band: Einführung in die Festigkeitslehre. Zweite, verbesserte Auflage. Mit 247 Textfiguren.
  In Leinwand gebunden Preis M. 6,—.
II. Band: Zusammengesetzte Festigkeitslehre. Mit 142 Textfiguren.   In Leinwand gebunden Preis M. 7,—.

Elastizität und Festigkeit. Die für die Technik wichtigsten Sätze und deren erfahrungsmäßige Grundlage. Von Dr.-Ing. **C. Bach**, Königl. Württ. Baudirektor, Prof. des Maschinen-Ingenieurwesens an der Königl. Techn. Hochschule Stuttgart. Sechste, vermehrte Auflage.
  In Vorbereitung.

Aufgaben aus der technischen Mechanik. Von Prof. **F. Wittenbauer.**

I. Allgemeiner Teil. 770 Aufgaben nebst Lösungen. Mit zahlreichen Textfiguren. Preis M. 5,—; in Leinwand gebunden M. 5,80.
II. Teil. Festigkeitslehre. 545 Aufgaben nebst Lösungen. Mit 457 Textfiguren. Preis M. 6,—; in Leinwand gebunden M. 6,80.
III. Teil. Flüssigkeiten und Gase. Mit über 200 Textfiguren.
  Erscheint im Herbst 1910.

Das Skizzieren ohne und nach Modell für Maschinenbauer. Ein Lehr- und Aufgabenbuch für den Unterricht. Von **Karl Keiser**, Zeichenlehrer an der Städtischen Gewerbeschule zu Leipzig. Mit 24 Textfiguren und 23 Tafeln.
  In Leinwand gebunden Preis M. 3,—.

Das Skizzieren von Maschinenteilen in Perspektive. Von Ingenieur **Carl Volk**. Zweite, verbesserte Auflage. Mit 60 in den Text gedruckten Skizzen. In Leinwand gebunden Preis M. 1,40.

Technisches Zeichnen aus der Vorstellung mit Rücksicht auf die Herstellung in der Werkstatt. Von Ingenieur **Rudolf Krause.** Mit 97 Figuren im Text und auf 3 Tafeln.
  In Leinwand gebunden Preis M. 2,—.

Hilfsbuch für den Maschinenbau. Für Maschinentechniker sowie für den Unterricht an technischen Lehranstalten. Von Professor **Fr. Freytag**, Lehrer an den Technischen Staatslehranstalten zu Chemnitz. Dritte, vermehrte und verbesserte Auflage. Mit 1041 Textfiguren und 10 Tafeln.
  In Leinwand gebunden Preis M. 10,—; in Leder gebunden M. 12,—.

Zu beziehen durch jede Buchhandlung.

Verlag von Julius Springer in Berlin.

Entwerfen und Berechnen der Dampfmaschinen. Ein Lehr- und Handbuch für Studierende und angehende Konstrukteure. Von **Heinrich Dubbel**, Ingenieur. Dritte, verbesserte Auflage. Mit 470 Textfiguren. In Leinwand gebunden Preis M. 10,—.

Die Dampfkessel. Ein Lehr- und Handbuch für Studierende Technischer Hochschulen, Schüler höherer Maschinenbauschulen und Techniken, sowie für Ingenieure und Techniker. Bearbeitet von **F. Tetzner**, Professor, Oberlehrer an den Kgl. Vereinigten Maschinenbauschulen zu Dortmund. Vierte, verbesserte Auflage. Mit 162 Textfiguren und 45 lithogr. Tafeln. In Leinwand gebunden Preis M. 8,—.

Die Gasmaschine. Ihre Entwicklung, ihre heutige Bauart und ihr Kreisprozeß. Von Professor **R. Schöttler**, Braunschweig. Fünfte, umgearbeitete Auflage. Mit 622 Figuren im Text und auf 12 Tafeln. In Leinwand gebunden Preis M. 20,—.

Die Dampfturbinen, mit einem Anhange über die Aussichten der Wärmekraftmaschinen und über die Gasturbine. Von Professor Dr. phil. Dr.-Ing. **A. Stodola**, Zürich. Vierte, umgearbeitete und erweiterte Auflage. Mit 856 Textfiguren und 9 Tafeln.
In Leinwand gebunden Preis M. 30,—.

Die Kondensation der Dampfmaschinen und Dampfturbinen. Lehrbuch für höhere technische Lehranstalten und zum Selbstunterricht. Von Dipl.-Ing. **Karl Schmidt**. Mit 116 Textfiguren. Erscheint im Oktober 1910. Gebunden Preis ca. M. 5,—.

Kondensation. Ein Lehr- und Handbuch über Kondensation und alle damit zusammenhängenden Fragen, einschließlich der Wasserrückkühlung. Für Studierende des Maschinenbaues, Ingenieure, Leiter größerer Dampfbetriebe, Chemiker und Zuckertechniker. Von **F. J. Weiß**. Zweite, ergänzte Auflage. Bearbeitet von **E. Wiki**, Ingenieur in Luzern. In Leinwand gebunden Preis M. 12,—.

Neue Tabellen und Diagramme für Wasserdampf. Von Dr. **R. Mollier**, Professor an der Technischen Hochschule zu Dresden. Mit 2 Diagrammtafeln. Preis M. 2,—.

Technische Wärmemechanik. Die für den Maschinenbau wichtigsten Lehren aus der Mechanik der Gase und Dämpfe und der mechanischen Wärmetheorie. Von **W. Schüle**, Ingenieur, Oberlehrer an der Königl. Höheren Maschinenbauschule zu Breslau. Mit 118 Textfiguren und 4 Tafeln. In Leinwand gebunden Preis M. 9,—.

Das praktische Jahr des Maschinenbau-Volontärs. Ein Leitfaden für den Beginn der Ausbildung zum Ingenieur. Von Dipl.-Ing. **F. zur Nedden**. Preis M. 4,—; in Leinwand gebunden M. 5,—.

Zu beziehen durch jede Buchhandlung.

Verlag von Julius Springer in Berlin.

Anleitung zur Durchführung von Versuchen an Dampfmaschinen und Dampfkesseln. Zugleich Hilfsbuch für den Unterricht in Maschinenlaboratorien technischer Schulen. Von **Franz Seufert**, Ingenieur, Oberlehrer an der Kgl. Höheren Maschinenbauschule zu Stettin. Zweite, erweiterte Auflage. Mit 40 Textfiguren. In Leinwand gebunden Preis M. 2,—.

Technische Untersuchungsmethoden zur Betriebskontrolle, insbesondere zur Kontrolle des Dampfbetriebes. Zugleich ein Leitfaden für die Arbeiten in den Maschinenlaboratorien technischer Lehranstalten. Von **Julius Brand**, Ingenieur, Oberlehrer der Kgl. Vereinigten Maschinenbauschulen zu Elberfeld. Zweite, vermehrte und verbesserte Auflage. Mit 301 Textfiguren, 2 lithogr. Tafeln und zahlreichen Tabellen. In Leinwand gebunden Preis M. 8,—.

Technische Messungen bei Maschinen-Untersuchungen und im Betriebe. Zum Gebrauch in Maschinenlaboratorien und in der Praxis. Von Prof. Dr.-Ing. **Anton Gramberg**, Dozent an der Technischen Hochschule Danzig. Zweite, umgearbeitete Auflage. Mit 223 Textfiguren. In Leinwand gebunden Preis M. 8,—.

Die Steuerungen der Dampfmaschinen. Von **Carl Leist**, Professor an der Kgl. Technischen Hochschule zu Berlin. Zweite, sehr vermehrte und umgearbeitete Auflage, zugleich als fünfte Auflage des gleichnamigen Werkes von **E. Blaha**. Mit 553 Textfiguren. In Leinwand gebunden Preis M. 20,—.

Hilfsbuch für Dampfmaschinen-Techniker. Herausgegeben von **Joseph Hrabák**, k. und k. Hofrat, emer. Professor an der k. und k. Bergakademie in Přibram. Vierte, erweiterte Auflage. Mit Textfiguren. In drei Leinwandbände gebunden Preis M. 20,—.

Die Technologie des Maschinentechnikers. Von Professor **Karl Meyer**, Oberlehrer an den Kgl. Vereinigten Maschinenbauschulen zu Cöln. Mit 377 Textfiguren. In Leinwand gebunden Preis M. 8,—.

Eisenbetondecken, Eisensteindecken und Kunststeinstufen. Bestimmungen und Rechnungsverfahren nebst Zahlentafeln, zahlreichen Berechnungsbeispielen und Belastungsangaben. Von **Carl Weidmann**, Stettin. Mit 40 Textfig. u. 1 Tafel. Kartoniert Preis M. 2,80.

Die Eisenkonstruktionen. Ein Lehrbuch für bau- und maschinentechnische Fachschulen, zum Selbststudium und zum praktischen Gebrauch. Nebst einem Anhang, enthaltend Zahlentafeln für das Berechnen und Entwerfen eiserner Bauwerke. Von **L. Geusen**, Dipl.-Ing. und Kgl. Oberlehrer in Dortmund. Mit 518 Figuren im Text und auf 2 zweifarbigen Tafeln. In Leinwand gebunden Preis M. 12,—.

Zu beziehen durch jede Buchhandlung.

Verlag von Julius Springer in Berlin.

Die Pumpen. Berechnung und Ausführung der für die Förderung von Flüssigkeiten gebräuchlichen Maschinen. Von **Konr. Hartmann** und **J. O. Knoke.** Dritte, neubearbeitete Auflage von **H. Berg**, Professor an der Königl. Techn. Hochschule in Stuttgart. Mit 704 Textfiguren und 14 Tafeln. In Leinwand gebunden Preis M. 18,—.

Wasserkraftmaschinen. Ein Leitfaden zur Einführung in Bau und Berechnung moderner Wasserkraft-Maschinen und -Anlagen. Von **L. Quantz**, Dipl.-Ing., Oberlehrer an der Kgl. Höheren Maschinenbauschule zu Stettin. Mit 130 Textfiguren.
In Leinwand gebunden Preis M. 3,60.

Die Theorie der Wasserturbinen. Ein kurzes Lehrbuch von **Rudolf Escher**, Professor am Eidgenössischen Polytechnikum in Zürich. Mit 242 Textfiguren. In Leinwand gebunden Preis M. 8,—.

Die Werkzeugmaschinen und ihre Konstruktionselemente. Ein Lehrbuch zur Einführung in den Werkzeugmaschinenbau. Von **Fr. W. Hülle**, Ingenieur, Oberlehrer an der Königl. Höheren Maschinenbauschule in Stettin. Zweite, verbesserte Auflage. Mit 590 Textfiguren und 2 Tafeln.
In Leinwand gebunden Preis M. 10,—.

Handbuch des Materialprüfungswesens für Maschinen- und Bauingenieure. Von Dipl.-Ing. **Otto Wawrziniok**, Adjunkt an der Königl. Technischen Hochschule zu Dresden. Mit 501 Textfiguren. In Leinwand gebunden Preis M. 20,—.

Der Fabrikbetrieb. Praktische Anleitungen zur Anlage und Verwaltung von Maschinenfabriken und ähnlichen Betrieben sowie zur Kalkulation und Lohnverrechnung. Von **Albert Ballewski.** Zweite, verbesserte Auflage. Preis M. 5,—; in Leinwand gebunden M. 6,—.

Heizung und Lüftung von Gebäuden. Ein Lehrbuch für Architekten, Betriebsleiter und Konstrukteure. Von Dr.-Ing. **Anton Gramberg**, Dozent an der Königl. Technischen Hochschule in Danzig-Langfuhr. Mit 236 Figuren im Text und auf 3 Tafeln.
In Leinwand gebunden Preis M. 12,—.

Der Entropiesatz oder der zweite Hauptsatz der mechanischen Wärmetheorie. Von Dr. phil. **H. Hort**, Dipl.-Ing. in Dortmund. Mit 6 Textfiguren. Preis M. 1,—.

Technische Schwingungslehre. Einführung in die Untersuchung der für den Ingenieur wichtigsten periodischen Vorgänge aus der Mechanik starrer, elastischer, flüssiger und gasförmiger Körper sowie aus der Elektrizitätslehre. Von Dr. **Wilhelm Hort**, Dipl.-Ing. Mit 87 Textfiguren. Preis M. 5,60; in Leinwand gebunden M. 6,40.

Zu beziehen durch jede Buchhandlung.

MIX
Papier aus verantwortungsvollen Quellen
Paper from responsible sources
FSC® C105338

If you have any concerns about our products,
you can contact us on
ProductSafety@springernature.com

In case Publisher is established outside the EU,
the EU authorized representative is:
**Springer Nature Customer Service Center GmbH
Europaplatz 3, 69115 Heidelberg, Germany**

Printed by Libri Plureos GmbH
in Hamburg, Germany